高等职业学校"十四五"规划民航服务类系列教材

飞机载重平衡

主　编◎陈　影

副主编◎王余万　陈国宝　潘　望　张凌峰　陈国泉

参　编◎王　科

华中科技大学出版社
http://press.hust.edu.cn
中国·武汉

图书在版编目(CIP)数据

飞机载重平衡 / 陈影主编 . — 武汉：华中科技大学出版社，2024.2
ISBN 978-7-5772-0390-4

Ⅰ.①飞…　Ⅱ.①陈…　Ⅲ.①飞机－载荷分布－计算－教材　Ⅳ.①V215.3

中国国家版本馆 CIP 数据核字(2024)第 020806 号

飞机载重平衡
Feiji Zaizhong Pingheng

陈　影　主编

策划编辑：胡弘扬

责任编辑：胡弘扬 安　欣

封面设计：廖亚萍

责任校对：王亚钦

责任监印：周治超

出版发行：华中科技大学出版社(中国·武汉)　　　电话：(027)81321913
　　　　　武汉市东湖新技术开发区华工科技园　　　邮编：430223

录　　排：孙雅丽

印　　刷：武汉科源印刷设计有限公司

开　　本：787mm×1092mm　1/16

印　　张：17.5

字　　数：410千字

版　　次：2024年2月第1版第1次印刷

定　　价：49.80元

民航业是推动我国经济社会发展的重要战略产业之一。"十四五"时期,我国民航业将进入发展阶段转换期、发展质量提升期、发展格局拓展期。2021年1月在京召开的全国民航工作会议指出,"十四五"期末,我国民航运输规模将再上一个新台阶,通用航空市场需求将被进一步激活。这预示着我国民航业将进入更好、更快的发展通道。而我国民航业的快速发展模式,也对我国民航教育和人才培养提出了更高的要求。

2021年3月,中国民用航空局印发《关于"十四五"期间深化民航改革工作的意见》,明确了科教创新体系的改革任务,要做到既面向生产一线又面向世界一流。在人才培养过程中,教材建设是重要环节。因此,出版一套把握新时代发展趋势的高水平、高质量的规划教材,是我国民航教育和民航人才建设的重要基础。

基于此,华中科技大学出版社作为教育部直属的重点大学出版社,为深入贯彻习近平总书记对职业教育工作作出的重要指示,助力民航强国战略的实施与推进,特汇聚一大批全国高水平民航院校学科带头人、一线骨干"双师型"教师以及民航领域行业专家等,合力编著高等职业学校"十四五"规划民航服务类系列教材。

本套教材以引领和服务专业发展为宗旨,系统总结民航业实践经验和教学成果,在教材内容和形式上积极创新,具有以下特点:

一、强化课程思政,坚持立德树人

本套教材引入"课程思政"元素,树立素质教育理念,践行当代民航精神,将忠诚担当的政治品格、严谨科学的专业精神等内容贯穿于整个教材,使学生在学习知识的"获得感"中,获得个人前途与国家命运紧密相连的认知,旨在培养德才兼备的民航人才。

二、校企合作编写,理论贯穿实践

本套教材由国内众多民航院校的骨干教师、资深专家学者联合多年从事乘务工作的一线专家共同编写,将最新的企业实践经验和学校教科研理念融入教材,把必要的服务理论和专业能力放在同等重要的位置,以期培养具备行业知识、职业道德、服务理论和服务思想的高层次、高质量人才。

三、内容形式多元化,配套资源立体化

本套教材在内容上强调案例导向、图表教学,将知识系统化、直观化,注重可操作性。华中科技大学出版社同时为本套教材建设了内容全面的线上教材课程资源服务平台,为师生们提供全系列教学计划方案、教学课件、习题库、案例库、教学视频音频等配套教学资源,从而打造线上线下、课内课外的新形态立体化教材。

我国民航业发展前景广阔,民航教育任重道远,为民航事业的发展培养高质量的人才是社会各界的共识与责任。本套教材汇集了来自全国的骨干教师和一线专家的智慧与心血,相信其能够为我国民航人才队伍建设、民航高等教育体系优化起到一定的推动作用。

本套教材在编写过程中难免存在疏漏、不足之处,恳请各位专家、学者以及广大师生在使用过程中批评指正,以利于教材质量的进一步提高,也希望并诚挚邀请全国民航院校及行业的专家学者加入我们这套教材的编写队伍,共同推动我国民航高等教育事业不断向前发展。

华中科技大学出版社

2021 年 11 月

我国《"十四五"民用航空发展规划》提出,要进一步丰富完善民航系统安全观。习近平总书记强调,安全是民航业的生命线,要始终把安全作为头等大事来抓,任何时候任何环节都不能麻痹大意。民航主管部门和有关地方、企业要牢固树立以人民为中心的发展思想,正确处理安全与发展、安全与效益的关系,始终把安全作为头等大事来抓。

飞机载重平衡是民航运营中至关重要的工作,直接关系到飞机的飞行安全、企业的经济效益和旅客的舒适性。载重平衡员(简称配载员)通过合理安排飞机上的旅客、行李、邮件、货物的位置,确保飞机的重心在安全范围内,在保证飞机安全起降的前提下,实现经济效益的最大化。因此,配载员的责任重大,其工作关系着旅客、机组人员的生命安全和财产安全。为此,配载员要有严谨负责、勤勉履职的工作态度,全面、扎实的飞机载重平衡专业知识,良好的服务意识、心理素质和成本意识。

本教材坚持为党育人、为国育才,培养德智体美劳全面发展的社会主义接班人和建设者,以学生为中心,着力加强学生的素质教育,注重学生个性养成。探索"岗课赛证"综合育人模式,落实职业教育国家教学标准、课程思政要求,以及中国民用航空局关于《航空器重量与平衡控制规定》,以教、学、练、评的闭环设计,按照项目任务模式组织教材内容,为高职航空物流管理、机场运行服务与管理,以及民航货物运输等专业的学生提供一套全面而深入的学习工具,帮助他们更好理解和应用飞机载重平衡的原理和技术,提高他们在航空领域的工作能力和安全意识。

本教材在编写过程中参考了大量的真实工作任务,力求做到理论够用、突出实用,重视培养学生的技能和核心素养。希望学生在学习和应用的过程中,能够始终把飞行安全放在首位,严格遵守相关规定和程序,以确保飞行任务顺利进行和乘客舒适。

最后,感谢所有为本教材的编写和制作付出辛勤努力的人员,尤其感谢团队成员陈国宝、张凌峰、潘望、王余万、陈国泉等老师,以及校企合作企业中的师傅们。由于编者水平有限,再加上飞机载重平衡是一个不断发展和更新的领域,随着技术的进步和规定的变化,载重平衡的理论和实践也会不断演进,有疏漏和缺点在所难免,希望能得到广大读者的批评指正。

本书在编写过程中使用了部分图片,在此向这些图片的版权所有者表示诚挚的谢意!由于客观原因,我们无法联系到您。如您能与我们取得联系,我们将在第一时间更正任何错误或疏漏。

编者

2023 年 9 月

CONTENTS
目录

理 论 篇

实 训 篇

理 论 篇

项目一   飞机载重平衡岗位认知

任务一   走进飞机载重平衡岗位

任务目标

【知识目标】

了解配载员岗位任职要求、岗位职责、岗位工作内容。

【能力目标】

通过案例学习,能分析航班配载员应具备的岗位能力。

【素质目标】

通过实际工作案例,学生要树立严于律己、忠于职守的意识,以高度的责任感对待岗位职责。

任务背景

小顾是 A 航空股份有限公司新入职的配载员,陈主管是小顾的师父,负责带领小顾进行见习操作。但是,对于配载员岗位,小顾并不是很了解,因此在为期 2 个月的新人岗前训练阶段,陈主管首先给了小顾一本"配载员"岗位说明书,让她认真阅读相关资料,了解配载员岗位内容。说明书部分内容如表 1-1 所示。

表 1-1   A 航配载员岗位说明书

单位	地面服务部	岗位名称	配载员	直接主管签字	
部门	载重平衡中心	直接上级	主管	编制日期	×年×月×日
岗位编号	H/GHD-LC-C- A-01	直接下属	无	批准日期	×年×月×日
岗位概要	依据飞机的性能数据及载重平衡的工作要求,合理地安排旅客的座位分布,行李、货物、邮件的重量和舱位,使飞机保持良好的平衡状态,保证航班飞行安全和正点率提 高航班载运率,节约飞行成本,确保飞行安全及航班效益最大化				

任务要求

根据上面的信息,小顾需要完成以下任务。

(1)通过查找资料,了解配载员岗位工作内容及职责。

(2)通过案例,了解配载员工作绩效衡量标准。

知识链接

如果有人问配载员是做什么的,可以用一个简单的比喻来解释:配载员就是飞机的"裁缝",一套量身定制的"舱单"是配载员给每架飞机"裁制"的最标准的衣服。配载工作就是对承载在每一架飞机上的旅客、行李、货物等进行合理安排,使它们被安放在适当的位置上,使飞机的承载重量和空间得以最大程度地被利用,同时控制好飞机的平衡。

在民航业从事基层生产的地勤工作人员中,配载员岗位是关乎航空安全的一个至关重要的岗位。配载员作为航空公司重要的运行控制人员,对承载在飞机上的货物进行合理安排,使飞机的重心在安全起飞包线内,同时使飞机腹舱的空间被最大化利用,从而增加公司利润。当一架次航班旅客不能完全坐满机舱时,配载员还要负责安排旅客的座位区域,避免旅客集中坐在某一区域,导致飞机失去平衡。

配载员就职之前,需要掌握以下内容。

一、机场配载员岗位描述

配载员的主要工作内容可分为货运配载和客运配载。

(一)货运配载

货运配载,即由配载员决定每个航班具体装运哪些货物。

(二)客运配载

配载员要负责飞机的重量计算、画飞机平衡图,具体是指,航班可以装运多重的货物、货物装在飞机的什么位置、旅客被安排在哪几排等。也就是说,配载员决定着每个航班的重量分配、人员或货物装载位置等。

除此以外,一名合格的配载员还需要完成以下工作。

一是负责监督离港系统中的飞机配载数据。

二是负责监督运行网中相关飞机的配载数据。

三是定期接受配载专业业务培训及配载员复训。

四是参与制定公司的运行规章和政策(如配载类政策等)。

五是负责给签派员提供配载技术支持。

六是负责飞机配载相关工作的内外部协调和沟通,以及文件处理等。

二、机场配载员岗位任职要求

(一)知识要求

具备民航相关专业大专及以上学历,接受过配载系统基础理论知识和操作培训。

(二)能力要求

全国英语等级考试(Public English Test System,PETS)三级及以上水平,能够适应民航不定时工作制。

（三）素质要求

爱岗敬业、吃苦耐劳、积极向上、细致严谨、不畏困难。

三、机场配载员职业发展前景

　　航空运输凭借其速度快、距离广等优势，逐渐成为一种非常重要的运输方式。随着航线的增加，全国的机场规模和人流量都将越来越大，对于机场配载员的要求也将越来越高。

　　航班配载员岗位是航空公司的重要运行岗位，因此，航班配载员的发展前景不言而喻。具体而言，航班配载员的晋升渠道为：航班配载员—带班主任—业务科室经理—地勤服务部门经理—机场领导。

四、配载员的职业素养

　　配载工作是一项责任重大、技术性很强的工作。"确保安全"是配载工作人员必须始终牢记的准则。因此，一名优秀的配载员应该具备以下素养。

　　一是有高度的工作责任感和强烈的安全意识。

　　二是有比较全面的运输业务知识，通晓客运、货运、值机等专业知识。

　　三是有良好的心理素质，遇到突发情况或者紧急情况时能够做到沉着冷静。

　　四是有良好的服务意识，能够协调好与各相关部门的关系。

　　五是有良好的经济意识，能够最大限度地为航空公司创造经济效益。

✈ 任务实施

　　为了深入了解民航配载员岗位职责，根据岗位手册说明书要求，本着认真、严谨的工作态度，小顾通过学习已有材料和自己查找资料的方式完成了陈主管布置的任务，学习到以下内容。

一、配载员岗位工作内容及能力要求

　　配载员的工作主要是计算飞机能"装多少"和"怎么装"，即计算飞机装载的重量和装载的位置。因此，配载员的工作是在保证飞机飞行安全的前提下，最大限度地利用飞机的载运能力。

　　具体来看，一名合格的配载员需要负责完成的工作有五项：一是提供本航班货物可装载量；二是在离港系统中输入航线油量与该航班机组人数；三是填写货运单与行李装机单，并与货运吨控员交接；四是在离港系统中输入飞机各货舱装载数据，并打印舱单，或手工绘制平衡图和载重表；五是在航班起飞后5分钟内向对方航站发送载重电报、航班数据等信息。

　　为了高质量完成配载工作，配载员要树立安全意识和责任意识，同时具备以下能力。

一是抗压能力、执行能力、团队沟通能力、逻辑思维分析能力;二是民航专业英语能力;三是精通民航客运、货运知识,熟悉离港操作系统;四是熟悉所有机型的配载业务,掌握货运箱(板)的参数等;五是获取相关机型的配载岗位证书;六是熟练地使用计算机配载系统。

二、配载员工作职责和绩效衡量标准

配载员工作职责和绩效衡量标准,如表1-2所示。

表1-2 配载员工作职责和绩效衡量标准

工作职责	职责描述	绩效衡量标准
航班配载	监控航班、保障进程、及时调整飞机业载分布,计算并向航务部门提供飞机在无油状态下的重量数据,使飞机重量保持在安全、合理的范围内,提高航班正点率,确保飞机飞行安全,节约飞行成本	安全性 及时性 合理性
舱位控制	收集进出港航班的业载信息,制作航班装卸机单,提高航班载运率及经济效益	及时性 准确性
座位控制	实施航班旅客座位控制作业,合理控制旅客座位分布,确保旅客服务部门能够及时得到旅客可利用座位分布图,提高旅客满意度	及时性 准确性 合理性

工作职责	职责描述	绩效衡量标准
拍发电报	制作航班配载信息电报,拍发各类配载报文,确保相关航站及时得到航班配载信息 	及时性 准确性
CIP文件制作	制作重要旅客(Commercially important person,CIP)名单并与相关人员交接,确保乘务人员及时得到CIP信息 	及时性 准确性
临时数据修正	检查、修正飞机临时变更数据,确保其在时间和质量上满足航班配载工作的要求 	及时性 准确性
上报问题	及时上报工作中遇到的问题,不断监控问题动态,并及时解决问题 	及时性 准确性

飞机载重平衡岗位认知　项目一

续表

工作职责	职责描述	绩效衡量标准
区域离港控制	在航班监控过程当中对更换飞机(因飞机故障等)以及航班最终关闭进行操作,确保区域配载工作顺利完成 	及时性 准确性

■ 职业理想课堂

民航配载员　责任大如天——满洲里机场配载主管冀燕杰

如果有人问冀燕杰配载员是做什么的,她总会用简单的比喻告诉别人:配载员就是飞机的"裁缝",一套量身定制的"舱单"是配载员给每架飞机定制的最标准的衣服。配载工作就是对每一架飞机上的旅客、行李、货物等进行合理安排,使其处于适当的位置,最大限度地利用飞机的承载重量和空间,控制好飞机的平衡。

冀燕杰说:"每一个配载员都是出色的设计师,如果飞机平衡控制得不好,可能造成飞机在停机坪上出现移动、转动、抬头、低头等情况,甚至还会直接影响机组的操作,影响飞机起飞和降落的平衡状态"。为了有效防止员工出错,满洲里机场配载员严格执行双人复核制度,以最严格的态度和措施做好配载风险控制。做好飞机配载工作既是对自己负责,也是对每一位出行的旅客负责。

谈到飞机配载工作,冀燕杰感慨颇多。自从2010年进入满洲里机场从事值机配载工作,她在这个岗位上已经工作了十几个年头,从一名旅客值机员成长为飞机配载员,再到值机配载岗位主管,负责值机配载团队和业务管理。冀燕杰说:"配载工作长期与数字打交道,每天的工作内容重复,特别枯燥,但关键在于以什么样的心态去对待"。要成为一名合格的配载员,需要在10分钟内完成手工舱单的制作;需要识记各种飞机座位布局、舱位装载数据;需要了解20多个指令中500多个专业术语的含义;需要熟练掌握30多个流程的离港系统操作。这项工作看似重复,但是在实际工作中,每一个航班客舱旅客座位安排、货舱里旅客托运的行李和货物等数据都是不一样的。在冀燕杰看来,通过严谨工作,把旅客座位安排好,把旅客托运的行李和货物都安全装上飞机,看到飞机以最好的姿态冲上云霄带来的成就感,足以让配载员感到满足,令他们体会到工作的价值和乐趣。

正是有这样的认识,冀燕杰在工作中养成了严谨细致的作风和扎实的业务技能,她既是值机配载岗岗位主管,又是配载技术最好的配载员。她带领她的团队,跟随着一架架飞机的准备、起飞和降落,做着一步步精密的测算,承担着每一架飞机安全运行的责任。

 **任务练习**

任务书

一、任务描述

　　2004年10月的清晨,一架满载海鲜等商品的波音747-200大型货机在加拿大东部沿海地区坠毁,在一片茂密的树林中起火燃烧并发生剧烈爆炸。有消息说,飞机的尾部在起飞过程中脱落,飞机没有来得及完全起飞就发生了事故,结果不幸冲出了跑道。消防人员在跑道上找到了飞机尾部残骸,而巨大的机身和机翼则四分五裂地在机场外大约一千米的树林内熊熊燃烧。据加拿大有关部门调查,导致飞机坠毁的主要原因是飞机载重不平衡和飞机装载控制混乱。

二、任务要求

　　1.谈一谈你对飞机飞行安全的认识。
　　2.结合任务描述,请回答这架波音747-200坠毁的主要原因是什么。
　　3.结合任务描述,请回答作为一名配载员,我们需要具备哪些职业素养。

三、任务分工

班级		组号		授课教师	
组长		学号			

组内成员

姓名	学号	问题1	问题2	问题3

四、任务实施

 **评价反馈**

　　小组代表陈述后,由各位同学和老师进行打分评价,并由老师进行最终点评。评价反馈表,如表1-3所示。

表1-3　任务结果评价反馈表

组号	评价内容		
评价人	问题1	问题2	问题3

任务二　熟知载重平衡工作基本情况

任务目标

【知识目标】

(1)了解与配载工作相关的部门及其作用。

(2)掌握配载工作的基本流程。

【能力目标】

通过案例学习,能理解配载工作的基本规定。

【素质目标】

通过实际工作案例学习,学生要立足岗位、勤于钻研,不断提高实践技能。

任务背景

小顾认真学习完配载员的工作内容、岗位职责等后,向陈主管汇报了学习成果。陈主管对小顾的学习成果给予了充分的肯定,但是为了帮助小顾尽快进入配载员角色,陈主管又给小顾布置了新的学习任务。

任务要求

小顾需要完成以下任务。

(1)将查找资料和观察实际工作现场相结合,掌握配载工作的基本流程。

(2)通过查找和分析资料,理解配载工作的基本原则。

知识链接

一、配载工作流程

飞机的载重与平衡是影响飞机飞行安全和性能极其重要的因素,载重平衡工作是航空运输的一个重要环节,主要是根据飞机的有关性能数据和执行航线添加的燃油重量,以及客运和货运销售、待运情况等,准确计算飞机每次飞行的载运能力,并按照飞机客舱、货舱布局合理地装卸货物、行李、邮件,以及安排旅客座位,从而使飞机重心在起飞、着陆和无燃油等情况下符合要求,能让飞机保持良好的平衡状态,保证飞机飞行安全。

一名业务熟练的配载员,应该可以根据不同机型的平衡要求,合理利用载量和舱位,既达到较高的载运率,又取得该机型要求的最佳配平和重心位置。配载员要具有专业技能和责任心,以零事故为目标,熟练、谨慎地对待每个步骤。

(一)载重平衡相关部门

载重平衡工作是一个需要多部门协作的工作,主要需要航务部、机务部、值机部、货运部、装卸部,以及飞行部的机长等的合作。具体而言,航务部主要为载重平衡部门提供飞机最大起飞重量的修正、机组的修正和航班油量数据;机务部负责为载重平衡部门提供飞机的基础数据和静态数据,包括起飞、落地、无油重量限制、空重指数、客舱布局等;值机部在航班办理截止后,做初始化关闭,向载重平衡部门提供实到旅客人数、舱位和行李重量数据、特殊行李等信息;货运部按照载重平衡部门提供的预配吨位和舱位配置出港货物,并在航班起飞前一定时间将本次航班配置情况通过传真、货运系统等通报给配载平衡部门,其中宽体机还应该通报货物集装器的型号(编号)及装载量、装载种类等;装卸部严格按照装载通知单规定的舱位和重量准确装载,并在整个装卸过程中派专人负责监控,履行签字手续;飞行部的机长负责检查载重平衡部门提交的载重表和平衡图,确认飞机的重量和重心均在本次飞行的限制范围内,并签字认可。

(二)载重平衡的基本工作程序

1.预配

对航班始发站而言,预配是在计算出最大可用业载的基础上,合理分配各航段的允许载量,根据旅客人数和行李的预估数,预留邮件、货物吨位,保证最大限度地利用业载,并通过安排旅客座位和行李、邮件、货物的舱位,预配重心范围。

对于过站航班的配载工作,除了按始发站航班的程序办理,还应做到:在收到前一站发来的载重电报后,立即根据过站旅客人数、载量及舱位,估算本站可利用的有效载量和舱位,留出本站旅客、行李的舱位,并将剩余载量告知货运部,安排货物和邮件的运输。

2.飞机载重平衡的监控

飞机的重心位置取决于载重在飞机上的分布。飞机上任何部位的载重发生变化,都会使飞机的重心位置发生移动,并且重心总是向载重相对较大的方向移动。

为了飞机飞行安全,使飞机重心随时保持在安全范围内,配载员需要随时监控座位的发放情况、行李重量的变化情况、外场货物的装机情况、有无倒舱或拉货的可能,遇到重心不在允许的范围内时,需要及时调整。

3.结算

值机截止办理、邮件和货物重量确定后,结算本站出港情况,进一步调整重心位置。

填制出港载重表和平衡图,并复核签字,核对舱单上的信息是否与实际相符,并及时修正。

装卸部应复核实际装载情况是否与装载通知单相符。

旅客实际人数或行李、邮件、货物的重量及装载位置与舱单不符的,须在最后一分钟修正范围内修正舱单,超过修正范围时,应重新制作舱单。

4.与机组交接

在航班离站前,完成与机长的舱单交接手续,以及最后一分钟修正范围内的数据。

5.拍发电报

多航段的航班在起飞后释放数据,并在起飞后5分钟内拍发载重电报,宽体飞机须拍发集装箱(板)分布报。

二、配载工作基本规定

（一）旅客重量规定

标准平均旅客重量包含了旅客携带进客舱的个人物品和手提行李的重量。

假设成年旅客中男性和女性各占50％，不区分夏季和冬季，不考虑机型和所飞航线特殊性等情况，成年旅客平均重量为75 kg，儿童平均重量为38 kg，婴儿平均重量为10 kg。

（二）配载工作的"三相符"

1.重量相符

重量相符主要有三点：一是，载重表、载重电报上的飞机重量与飞行任务书相符；二是，载重表、载重电报上的各项重量与舱单相符；三是，载重表、装机单、加拉货物单等工作单据上的重量与舱单、载重表相符。

2.单据相符

装在业务文件袋内的各种运输票据与舱单相符。

3.装载相符

装载相符主要有三点：一是，出发、到达、过站的旅客人数与舱单、载重表相符；二是，各种物件的装卸件数、重量与舱单、载重表相符；三是，飞机上各货舱的实际装载重量与载重表和平衡表相符。

任务实施

根据岗位手册说明书，结合对本部门同事配载工作的观察，小顾整理了陈主管布置的任务，具体内容如下。

一、配载工作的基本流程

配载工作的基本流程，如图1-1、图1-2所示。

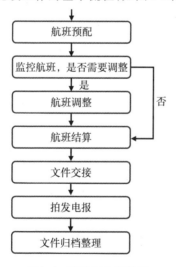

图1-1 配载工作流程图

图1-2 配载工作现场

二、配载工作的基本原则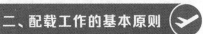

载重平衡工作对飞机飞行安全至关重要。配载岗位的上下游单位众多,为确保旅客、行李、货物、邮件的实际装载与指令一致,配载员在工作中要严格落实"三相符"原则,即重量相符、单据相符和装载相符。

■ 职业理想课堂(工匠故事)

天津航空地面服务部李莉用辛勤汗水浇灌专业之花

从入职三亚机场成为一名配载员,到一步步成为天津航空地面服务部配载管理的权威专家,天津航空地面服务部载重平衡管理中心经理李莉一步一个脚印,不断积累配载业务知识,用辛勤的汗水浇灌出了专业之花,在配载业获得了大家的一致称赞。

(一)构建载重平衡"防火墙",助力航班安全运行

作为一名2000年入行的"老配载人",李莉在工作期间积极参与天津航空地面服务部配载室的筹建和人员培训工作。她不但具有丰富的配载专业知识,还在工作中积累了丰富的配载管理经验及代理单位管理经验,在飞机的静态数据制作、各机型的特殊情况处理方面均有丰富的操作经验。工作至今,她在配载行业内取得了一定的影响力并与各代理机场建立了良好的业务往来关系。

李莉在日常工作中积极参与中国民用航空局编制的《航空器重量与平衡控制规定》的研讨、编写与修改,她受到了局方及各单位的高度认可。李莉带领配载团队落实公司安全要求,搭建载重平衡体系,主动进行隐患识别,建立缓解措施,建立事件分析库。同时,李莉还牵头组建天津航空全新运行控制中心(AOC)配载监控席,对客改货、运行限制等特殊航班实施监控。期间,李莉发现了代理单位运行中存在的问题并提出了合理的建议,还多次纠正代理单位的安全差错,将安全风险管控前移,取得了良好的效果。

(二)创新管理方式,提升效率

多年以来,李莉带领天津航空配载团队创新多元化配载业务安全知识传递,创立了业内首个配载专业公众号"配载大讲堂",大力推广配载专业知识,关注案例学习,致力于提高配载员的特殊情况处置能力,提升其载重平衡风险防控意识。此举创新了配载业内培训模式,被局方、各大机场、部分集团内外航司等推广分享,并成为部分代理单位特殊情况处理依据。

(三)创新思路,积极探索

在2019年疫情暴发之际,为确保航班安全和医疗物资运输量达到最大化,李莉带领配载团队通过对飞机重心和载量的测算,提出将医疗物资作为"占座行李"运输的保障方案,并指导一线单位进行配载操作。"授人以鱼不如授人以渔",在操作完首个医疗物资采用"占座行李"保障方案运输的包机航班后,李莉带领配载团队通过微信公众号"配载大讲堂"制

作了关于"占座行李"的配载操作方案,在业内反响强烈,为多家机场和航司在疫情期间的包机保障、客改货航班提供了切实有效的技术支持。

 **任务练习**

任务书

一、任务描述

某航班机组在检查舱单时发现飞机号错误。具体过程如下。某航班由A经B飞往C,由于飞机故障,A站更换飞机以保障航班的正常运行,A站的配载员得到通知后,重新制作了舱单,飞机正常起飞。但B站配载员在飞机从A站起飞、落地至本站与机组人员交接的整个过程中均未发现飞机号错误。其间,配载员与油量电报核对飞机号也未核实出错误,送舱单时也未核对飞机号。最终导致此次事件的发生。

二、任务要求

1.谈一谈你对配载工作流程的认识。

2.结合任务描述,请分析该航班风险事件发生的主要原因是什么。

3.结合任务描述,请回答作为一名配载员,我们需要具备哪些职业素养。

三、任务分工

班级		组号		授课教师	
组长		学号			

组内成员

姓名	学号	问题1	问题2	问题3

四、任务实施

 **评价反馈**

小组代表陈述后,由各位同学和老师进行打分评价,并由老师进行最终点评,评价反馈表,如表1-4所示。

表1-4 任务结果评价反馈表

组号	评价内容		
评价人	问题1	问题2	问题3

项目二 / 民航飞机的基本常识

任务一　走进飞机的发展史

任务目标

【知识目标】

了解飞机的发展历程。

【能力目标】

认识民航飞机主要机型。

【素质目标】

通过实际工作案例,学生要树立航空报国的价值观,并要立足岗位,勇于创新和探索,勇挑新时代民航人的重担。

任务背景

小顾最近看到了有关C919的新闻。C919大型客机是中国按照国际通行适航标准研制的、具有完全自主知识产权的新一代干线客机。其中,"C"是China的首字母,也是中国商飞(Commercial Aircraft Corporation of China Ltd,COMAC)英文缩写COMAC的首字母;第一个"9"的寓意是天长地久;"19"代表的是C919大型客机最大载客量为190座,如图2-1所示。C919于2007年立项,2017年首飞,2022年9月29日取得中国民航局型号合格证(TC证)。作为未来的民航人,小顾对民航飞机充满了好奇,她想弄明白有关飞机的发展历程和民航主要机型。

图2-1　C919大型客机

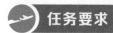任务要求

根据上面的信息,小顾需要完成以下任务。

(1)通过查找资料,了解飞机的发展历程。

(2)通过查找资料,收集民航飞机的主要机型。

知识链接

一、飞行器介绍

在地球大气层内或大气层之外的空间(太空)飞行的器械统称飞行器。飞行器通常分为航空器、航天器、火箭和导弹等类别。

航空器指在大气层内飞行的飞行器,常见的航空器有气球(见图2-2)、飞艇(见图2-3)、飞机(见图2-4)、风筝(见图2-5)、无人机。按照产生升力的基本原理不同,航空器分为两类:一是靠空气净浮力升空飞行的航空器,即轻于空气的航空器,包括气球和飞艇;二是靠空气与航空器相对运动产生空气动力升空飞行的航空器,即重于空气的航空器,主要有固定翼航空器和旋转翼航空器。

图2-2 气球

图2-3 飞艇

图2-4 飞机

图2-5 风筝

航天器主要指在大气层之外的空间飞行的飞行器,常见的航天器有人造地球卫星(见图2-6)、空间站(见图2-7)、载人飞船(见图2-8)、航天飞机(见图2-9)等。航天器按照是否载人通常分为载人航天器和无人航天器。常见的载人航天器有载人飞船、航天站、航天飞机等;常见的无人航天器有人造地球卫星和空间探测器等。

图 2-6　人造地球卫星

图 2-7　空间站

图 2-8　载人飞船

图 2-9　航天飞机

二、飞机的发展历程

　　飞行是人类有史以来不断追求的一个夙愿,从中国古人做风筝、竹蜻蜓、木鸟到西方人用鸡毛做双翼,人类经历了无数次的失败。无论是《西游记》里面的孙悟空,还是《一千零一夜》里面的飞毯,都寄托着人类对浩瀚蓝天的向往和对飞行的渴望,这些飞行神话不仅象征着人类永不言败的精神,也孕育着后代航空航天技术的萌芽。

　　(一)早期的飞机

　　蒸汽机和内燃机的先后出现,为航空器由滑翔机向飞机的转变创造了动力条件。1903年 12 月 17 日,美国的莱特兄弟自制的飞机"飞行者 1 号"(见图 2-10)试飞成功。这架装有螺旋桨发动机的双翼飞机,第一次动力飞行只飞行了 36 米,留空 12 秒。

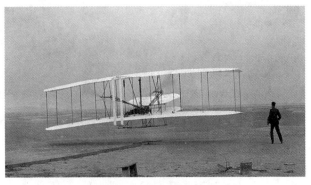

图 2-10　"飞行者 1 号"

莱特兄弟的"飞行者1号"飞行成功,开创了动力飞行的新纪元。他们的飞机解决了三个根本问题,即升力、稳定操作和飞行动力问题。所以,各界公认"飞行者1号"是第一架能操纵、有动力推进的飞机。

飞机出现后的十几年,基本上被认为是一种娱乐工具,主要用于竞赛和表演。两次世界大战,让这"会飞的机器"开始被用于战争。在第一次世界大战初期,参战各国约有飞机1500架,到战争末期,各国在前线作战的飞机有8000多架。四年中,交战双方用于作战的飞机有十几万架。因此,"战争是军用机的催生婆"。同时,飞机的性能在战争中有了很大的提高,比如,1914年飞机的速度一般是每小时80—115千米,四年后增至每小时180—220千米;飞行高度从200多米提高到8000米;飞行距离从几十千米增长到400多千米。第一次世界大战初期,飞机的重量只有几百千克,到第一次世界大战后期,有的轰炸机如英国的汉德莱佩季,总重约13600千克,最多可装弹3400千克。

(二)喷气机时代

第二次世界大战后期,战斗机的飞行速度已经接近活塞式飞机飞行速度的极限。若要进一步提高飞行速度,必须增加发动机推力,但活塞式发动机已经无能为力了。科学家认识到,要向音速冲击,必须使用全新的航空发动机,也就是喷气式发动机。

德国设计师奥安在新型发动机研制上较早取得成功。1939年8月27日,奥安使用这种新型发动机制成He-178喷气式飞机,如图2-11所示。

图2-11 He-178喷气式飞机

(三)民航飞机

第一次世界大战后,大量的军用飞机转为民用。当时的民用飞机大多以木质飞机为主,安全性能较差。在不断的民航飞行实践中,人们逐渐认识到民用飞机与军用飞机的不同,即民用飞机要求更安全、更经济且机舱内要引入更舒适的设计,增加空中服务项目等措施。

1933年,波音公司研制的B247飞机在西雅图试飞成功,这是第一架真正具有现代意义的客机。它具有全金属结构和流线型外形,起落架可以收放,采用下单翼结构。波音247飞机的巡航速度为每小时248千米,航程776千米,可载客10人,并可装载181千克的邮件,机上座位舒适,还设有洗手间。

1935年12月,美国道格拉斯公司研制的DC-3飞机试飞成功,这是当时唯一可以与B247媲美的机型,受到了各航空公司的青睐。DC-3飞机是世界上第一架使客运赚钱的飞机,也是世界上生产量较多的客机和"寿命"较长的客机。

第二次世界大战后,民航飞机进一步发展。战争期间修建的大型机场遍布世界各地,为民航飞机提供了现成的起降场地;军用飞机的喷气技术被直接应用到民航飞机上。同时,战后各国经济高速发展的需要也进一步推动了民航飞机的发展。喷气技术使民航飞机飞得更快更远,各国掀起了研制远程客机的热潮。发展至今,民航飞机已进入全系列、多功能、适应市场需求的时代。

三、民航运输飞机的分类

（一）按照机身的宽窄分：窄体机和宽体机

窄体机的机身宽约3米,旅客座位之间只有1条走廊(见图2-12),这类飞机的下货舱往往只装运散货。窄体机的常用机型有B707、B717、B737、B757、A320、C919等。

宽体机的机身较宽,客舱内至少有2条走廊,机身宽一般在4.72米以上(见图2-13),这类飞机下货舱可以装运集装货物和散货。宽体机的常用机型有B747、B767、B777、B787、A300、A310、A330、A350、A340、A380等。

图2-12 窄体机的客舱

图2-13 宽体机的客舱

（二）按照座位级分：干线机和支线机

干线运输机一般指客座位数大于100个,满载航程大于3000千米的大型客货运输机。按航程分,满载航程大于6000千米的称为中远程干线运输机,多飞行于洲际线。满载航程在6000千米以下的称为中近程干线运输机,多飞行于国内各大城市之间。常见的干线机生产商及机型如表2-1所示。

表2-1 常见干线机的生产商及机型

飞机生产商	机型
Airbus	A300、A310、A320、A330、A340、A350、A380、A220
Boeing	B707、B727、B737、B747、B757、B767、B777、B787
中国商飞	C919

支线飞机客座数一般在100个以下,主要指航行于中心城市与小城市或小城市与小城市之间的客货运输机。其中,小型支线运输机的座位数为10—30座;中型支线运输机的座

位数为40—60座;大型支线运输机的座位数为70—100座。

生产支线飞机的资金、技术等要求相对于生产干线机而言较低。因此,全球范围内的支线飞机生产商也比干线机的生产商多,产品也更加丰富。主要的支线飞机产品有庞巴迪公司的CRJ飞机(见图2-14)、区域运输机公司(Avions de Transport Regional,ATR)的ATR飞机(见图2-15)、英国宇航公司的BAe146飞机(见图2-16)、波音公司的B717飞机(见图2-17)、巴西航空工业公司的ERJ飞机(见图2-18),以及中国航空工业集团的新舟60飞机(见图2-19)、中国商飞的ARJ21飞机等。

图2-14　CRJ飞机

图2-15　ATR飞机

图2-16　BAe146飞机

图2-17　B717飞机

图2-18　ERJ飞机

图2-19　新舟60飞机

下面重点介绍中国商飞的ARJ21飞机。

ARJ21新支线飞机(见图2-20)是我国首次按照国际民航规章自行研制的、具有自主知识产权的中短程新型涡扇支线客机,是中国首次按照FAR25部申请美国联邦航空局(FAA)型号合格证的飞机,座级78—90座,航程2225—3700千米,于2014年12月30日取得中国民航局型号合格证,2017年7月9日取得中国民航局生产许可证。目前,ARJ21新支线飞机已正式投入航线运营,市场运营及销售情况良好。

图 2-20   ARJ21飞机

（三）按照用途分：全客机、客货混用机、全货机、公务机

全客机上舱、主舱完全是客舱，仅在下舱装载货物。

全货机上舱、主舱和下舱全部载货。全货机以在飞机型号的结尾加字母F识别。

客货混用机主舱前部设有旅客座椅，后部装载货物，下舱也可装载货物。

公务机与干线机、支线机提供的定期飞行、包机飞行不同，是按某一旅客、团体的特殊旅行需求，专为他们设计的航线班期，提供专门服务的飞机。

 任务实施

在走进飞机发展史的过程中，根据资料收集相关要求，完成相应流程，以严谨、细致、认真的工作作风顺利完成工作。具体内容如下。

一、查找并收集飞机的发展历程

飞机的发展历程大致分为三个阶段：早期飞机时代、喷气机时代、现代民航飞机时代。

第一阶段早期飞机时代，飞机产品以莱特兄弟的"飞行者1号"为代表，成功解决了飞机的三个根本问题：飞行动力、稳定操作和升力问题。

第二阶段喷气机时代，以德国设计师奥安在新型发动机研制上最早取得成功为铺垫。1939年8月27日，奥安使用这种新型发动机制成He-178喷气式飞机，宣告喷气机时代的到来。

第三阶段是现代民航飞机时代。世界大战结束后，大量的军用飞机转为民用，但是民用飞机要求更安全、更经济、更舒适。因此，1933年波音公司研制的、具有全金属结构和流线型外形的B247受到市场的青睐。随着技术的进步和市场需求的不断变化，民航飞机已进入全系列、多功能的时代。

二、查找并收集民航飞机的主要机型

（一）单通道、窄体机（中、小型飞机）

1.空客 A320 系列飞机

空中客车的 A318、A319、A320、A321 飞机均属于 A320 系列飞机，如图 2-21 所示。

A320系列飞机于1988年推出,是空中客车公司主要生产的窄体单通道机型,第一个型号是A320-100,产量很小,很快就被其改进型号A320-200所替代,后者生产至今。A320-200在两舱布局下可以搭载150人,满载航程可达6150千米。随后,空客又于1996年推出了它的缩短型A319-100,使用与A320-200相同的引擎,两舱布局下可以搭载124人,满载航程6850千米。A318是A319的缩短款,是A320家族中最年轻,也最小的一款,被称为"空中迷你巴士"。A321是A320的加长型,是A320系列飞机中最大的成员。与A320相比,A321增加24%的座位和40%的空间,如果是高密度客舱布局,可容纳多达220名乘客。

图2-21 空客A320系列飞机

2010年12月,空客推出了A320neo(New Engine Option)系列飞机。A320neo系列飞机最大的特点是在A320系列飞机的基础上换装了新型发动机以及最新设计的鲨鳍小翼,可降低15%—20%的油耗,外部噪声可减少50%。A320neo系列,包括A319neo、A320neo、A321neo三种尺寸不同的飞机。

A320系列飞机是B737系列飞机的主要竞争对手。截至目前,中国所有主要的航空公司都有运营A320系列飞机,A320系列飞机是中国航空市场的主力机型之一。

2. 波音B737系列飞机

B737系列飞机是波音公司投产的窄体单通道客机,至今已发展出9个型号,是空中客车A320系列飞机的主要竞争对手。

第一代型号B737-200于1967年4月9日首飞,其缩短型为B737-100,由于初期设计存在缺陷,波音随后推出了B737-200的先进型。第一代B737现今已基本退出了主流市场。

737NG(737-600/700/800/900/900ER)是737系列飞机的改进型。其机翼的设计采用了新技术,不但增加了载油量,而且提高了效率,这都有利于延长航程。737NG是现今737系列中较常见的机型。

737MAX是B737装配新发动机的衍生机型,包括波音737MAX7/8/9/10/200。

截至目前,中国所有主要的航空公司都有运营B737系列飞机,B737亦是中国航空市场的主力机型之一。

3. 中国商飞C919

C919中型客机是中国首款按照最新国际适航标准研制的干线民用飞机,于2008年开始研制(见图2-22)。基本型混合级布局158座,全经济舱布局168座、高密度布局174座,标准航程4075千米,最大航程5555千米。首架C919于2023年5月28日顺利完成了上海飞北京的载客商业飞行任务。

图 2-22　中国商飞 C919

(二)双通道、宽体机(大型飞机)

1.空客 A330 系列飞机

A330系列飞机是双通道的高载客量中远程客机,与四发动机的A340系列飞机同期研发,机身与机翼的设计几乎与A340相同,于1992年首飞。

A330系列共有三种型号,两种全客机型号A330-200、A330-300,一种全货机型号A330-200F。全客机型飞机在三舱布局下可搭载253人,满载航程达到12500千米,在载重量、耗油量、续航距离上优势明显。

2.空客 A340 系列飞机

A340系列飞机的设计类似于A330系列,但配备了四台发动机,最初设计的目的是同早期版本的B747竞争,而后则主要与B777竞争远程飞机市场。

A340系列飞机中的A340-600型飞机曾经是世界上机身最长的民航飞机(而后其地位被B747-8取代)。由于运营成本高昂,2011年,空中客车宣布停产A340系列飞机,但部分航空公司仍在运营。

3.波音 B777 系列飞机

B777系列飞机是由波音公司制造的双发长程宽体客机,是目前全球较大的双发宽体客机,其直接竞争对手是A330-300、A340和A350系列飞机。

777-200/ER/LR是B777的基本型。777-200LR目前仍保持着世界上航程最长的客机称号。

777-300/ER是777-200的加长型,是目前较受欢迎的远程机型之一,三舱布局下可搭载365人,最大航程14685千米。

4.波音 B787 系列飞机

B787梦想客机是波音推出的一款新型客机,于2011年交付,主要用于取代B767系列飞机,并在其基础上采用了一系列新的技术,包括更加高效的发动机、全机近80%的复合材料、超临界机翼等。

全新设计的客舱亦被波音称作"天空内饰",美轮美奂的设计和先进的空气流通技术给乘客带来超乎以往的飞行体验。截至2022年,B787梦想客机共有三种型号,基本型787-8,加长型787-9和787-10。

(三)巨型客机

1.波音B747系列飞机

B747系列飞机是较容易识别的飞机之一,为双层宽体四发商用客机。在A380飞机投入运营之前,B747保持着世界载客量最高的民航飞机纪录长达37年,截至2020年已发展至第五代。

由于其高辨识度以及庞大的体积,亦被许多国家采购作为国家元首专机,著名的有美国空军一号等。

747-200于747-100型的基础上改良而来,采用了更具效率的发动机,三舱布局下可搭载366人,最大航程12700千米。著名的美国空军一号便是基于此型号发展出来的。目前,主要的航空公司均已将此机除役。

747-400在747-300型基础上改良而成,三舱布局下可搭载416人,最大航程13450千米,它也是速度较快的亚音速商用客机之一,现今市场上的保有量依然非常大。

747-800于2005年发布,由747-400型加长而来,取代A340-600成为世界上最长的商用飞机,采用了大量为B787飞机开发的技术。

2.空中客车A380系列飞机

A380系列飞机是法国空中客车公司研发的双层四发动机巨型客机。A380是全球载客量较高的客机,亦是人类民航史上较大的商用飞机,打破了B747统领了近37年的世界载客量最高的民用飞机纪录。

A380还是全球首款拥有四个通道的民航客机。首飞于2005年,2007年正式交付首架于新加坡航空公司。

A380-800是其基本型,亦是目前唯一正在交付的型号,如图2-23所示。其三舱布局下可搭载525人,最大航程15700千米。

图2-23 A380-800飞机

■ 职业理想课堂（工匠故事）

C919大型客机背后的故事

在上海浦东商飞公司的广场上，伫立着一个寓意深远的纪念台，叫"永不放弃"。它的造型像一个熊熊燃烧的火炬，仿佛在诉说中国人追求航天梦、制造大飞机的信心永远不会熄灭。而C919大型客机，正向我们诉说着它背后永不言弃的故事。

中国人其实早就有飞天梦。120多年前，广东恩平人冯如漂洋过海到美国。不久之后，冯如开始动脑筋做飞机，回到广州后他亲自设计、亲自制造、亲自飞行，造出了"冯如一号""冯如二号"飞机，最后不幸因为飞机试验失误而遇难。但是，被誉为"中国航空之父"的冯如给我们树立了榜样，留下了宝贵的精神财富，那就是：中国人一定要飞上蓝天。

在C919试飞成功后，很多人会问到这样的问题：C919到底算不算中国制造？为什么它的发动机、内部的一些系统都是国外的？

如果要回答此问题，首先要看一组数据：据统计，国内有22个省份、200多家企业、36所高校、数十万产业人员参与了C919大型客机的研制。整个飞机的构思、设计全部是中国人自己完成的。因为大飞机的设计不是一个人拍脑袋就能想出来的，它是由很多系统构成的，飞机上哪怕只是一个局部的小系统也可能需要一个人研究一辈子。所以，C919完全由中国人自己设计、自己构思，并完成了各个系统的组合，这是非常不容易的。

其次，目前世界上的航空工业全部采用专业化生产。比如，波音飞机就是波音公司自行整体构思后组装的，它的发动机不一定是自己生产的。另外，国际上的惯例是采用主制造商加供应商的模式制造飞机。主制造商是一家，供应商有几百乃至上千家。飞机内部的飞控系统、导航系统、通信系统、环控系统、动力系统等都由供应商提供，然后主制造商把它们组装起来。中国商飞不光敢研制飞机，而且研制成功了，并且能够把飞机这些零部件组装起来，这就是了不起的成功！

因此，今天我们可以理直气壮地说："C919是中国制造！"

 **任务练习**

任务书

一、任务描述

某年秋天，某国家外交人员准备从南京禄口国际机场起飞。在候机前，他提出想去南京航空航天馆参观。突发的行程变换让随行工作人员猝不及防，这种情况就需要一名对飞机发展史和中国民航发展史有着深入了解的讲解员。但麻烦的是，上哪能快速寻找到这样一位解说员呢？本着服务好外宾的礼仪原则，南京禄口国际机场的工作人员"云连线"北京航空航天博物馆的专业解说员，请他们帮忙撰写解说词。北京航空航天博物馆的专业解说员在30分钟内便完成了解说稿的撰写，圆满完成了外宾参观解说任务。

二、任务要求

1.谈一谈你对人类飞行发展史的认识。

2.结合任务描述,请回答为什么要"云连线"北京航空航天博物馆的专业解说员。

3.结合任务描述,请回答作为一名新时代民航人,我们需要具备哪些职业素养。

三、任务分工

班级		组号		授课教师	
组长		学号			

组内成员				
姓名	学号	问题1	问题2	问题3

四、任务实施

✈ 评价反馈

小组代表陈述后,由各位同学和老师进行打分,并由老师进行最终点评,评价反馈表,如表2-2所示。

表2-2 任务结果评价反馈表

组号	评价内容		
评价人	问题1	问题2	问题3

民航飞机的基本常识 项目二

 **任务二　掌握飞机的基本组成和功能**

任务目标

【知识目标】

(1)了解飞机系统和机载设备。

(2)掌握飞机的基本组成及功能。

【能力目标】

清楚飞机的基本组成及功能。

【素质目标】

通过实际工作案例,学生要树立民族自豪感,继承与弘扬航空报国精神,增强使命感。

任务背景

小顾又了解到:2022年12月9日,东航作为全球首发用户,正式从中国商飞接收编号为B-919A的全球首架C919交付飞机。2023年5月28日,东航完成C919首个商业航班"上海虹桥机场—北京首都机场"的飞行。此后,这架C919在沪蓉快线上服务旅客(见图2-24)。截至2023年7月12日,首架C919共执行87班次商业航班,其中京沪航班2班、沪蓉航班85班,平均客座率近80%,累计服务旅客11095人次,累计商业运行250.10小时。中国商飞2023年6月发布的数据显示,C919已累计获得30余家客户1061架订单。

看到这些消息,作为一名准民航人,小顾也想在未来的工作中有为C919服务的机会。

图2-24　东航C919

任务要求

为了更深入地了解飞机,小顾需要完成以下任务。

(1)通过查找资料,了解飞机的系统和客舱设备。

(2)通过图片、观察实物等方式,认识飞机的基本组成及功能。

本着让学生掌握飞机的基本组成和基本功能的目的,教师要遵循学生认知成长规律,帮助学生完成相应任务,具体实施过程如下。

一、查找并收集飞机结构基本数据

飞机的基本组成主要有五部分,如图2-25所示,分别是机身、机翼、尾翼、起落架和动力装置。下面对各部分的功能做详细介绍。

图 2-25 飞机的基本组成

(一)机身

机身是飞机的主体,连接了机翼和尾翼,主要用于装载和传力。有些较大的飞机,起落架也附在机身上。机身可分成三个主要部分:一是驾驶舱;二是存放行李、邮件、货物的货舱;三是客舱(包括头等舱、公务舱和普通舱)。

(二)机翼和尾翼

机翼的主要作用是产生升力,机翼的基本组成如图2-26所示。现代民航客机机翼的内部还可以作为结构油箱来储存燃油和安装起落架及发动机。

图 2-26 机翼基本组成

飞机的机翼由许多可以活动的部分组成。这些部分可以用来改变机翼的位置和形状,也可以用来增大或减小翼面面积。在飞机起飞、降落时,飞机翼面面积需增加。飞机的机翼状态随飞机状态,如平飞、起飞或降落变化。

尾翼由水平尾翼和垂直尾翼构成,如图2-27所示。水平尾翼由水平安定面和升降舵构成;垂直尾翼由垂直安定面和方向舵构成。

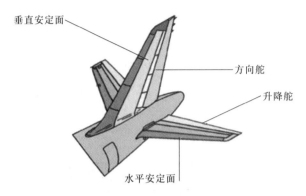

图2-27　尾翼基本组成

1.方向舵

方向舵是飞机垂直尾翼上一个可以活动的翼片。与轮船上的舵相似,可以用来控制飞机的方向。

2.垂直尾翼

垂直尾翼(平衡尾翼)是机身后部一种垂直的尾翼,用来保持飞机飞行的平衡,是飞机上一个较高的翼片。

3.水平尾翼

水平尾翼简称平尾,安装在机身后部,主要用于保持飞机在飞行中的稳定性和控制飞机的飞行姿态。水平尾翼由固定的水平安定面和可偏转的升降舵组成。

4.升降舵

升降舵是飞机水平尾翼上的一个可以活动的翼片。正如其名,升降舵可用来控制飞机的升降。

5.襟翼

襟翼是飞机机翼上可以活动的翼片,用于起飞和降落。襟翼可以帮助控制飞机的速度及机翼产生的升力。襟翼常见形式有五种,分别为简单襟翼、分裂襟翼、开缝襟翼、后退襟翼、后退开缝襟翼。

6.副翼

副翼是机翼上可活动的翼片,在飞机向内偏转时用来控制飞机的角度。

7.扰流板

扰流板是机翼上的一个可以活动的折翼,用来增加阻力,减少升力。扰流板可以阻挡机翼周围的气流。

8.小翼

有的飞机设计有小翼,位于机翼末端,用来阻挡部分翼尖涡流,减少飞行时的阻力,增加飞机的平衡能力。

（三）起落架

起落架(见图2-28)让飞机能在地面停放、滑行,在运动过程中还可以支撑飞机,并能在飞机接地及滑跑过程中起到减震的作用。起落架主要分为前三点式起落架、后三点式起落架和多点式起落架。

前三点式起落架和后三点式起落架是以主起落架相对于重心的位置划分的。后三点式起落架的两个主起落架在飞机的前部,飞机尾部有一个尾轮。后三点式起落架一般用于小型飞机,其起落架大多是不能收放的。前三点式起落架,即在飞机的前部有一个前起落架,两个主起落架位于飞机重心之后。现代大中型民航飞机大多采用前三点式起落架,此种起落架大多是可收放的。

多点式起落架常用于重型飞机,如B747,它由一个前起落架、两个机身起落架和两个大翼起落架组成,此种布局可使飞机的重量分散在较大的面积上。

图2-28 飞机的起落架

（四）动力装置

飞机之所以能够飞行是因为它有向前运动的动力,动力助力了飞机与气流之间的相对运动,这才产生了升力。飞机的动力装置是飞机的核心,动力装置由发动机和其他附件组成。其中,发动机是动力装置的核心,附件包括燃油系统、点火系统、润滑系统、控制仪表系统和反推力系统等。航空发动机分为活塞式发动机和喷气式发动机两大类。

活塞式发动机不能单独驱动飞机,它必须先驱动螺旋桨才能使飞机运动。因而,活塞式发动机和螺旋桨组合在一起才能构成飞机的推进系统。活塞工作时产生的力带动了螺旋桨,螺旋令空气冲向飞机尾部使飞机产生向前的拉力。在低速飞行时,活塞发动机的经济性能较好。目前,活塞式发动机在小型飞机和轻型直升机上应用较为广泛。

喷气式发动机在工作时,通过连续不断地吸入空气,使空气在发动机中经过压缩、燃烧和膨胀等过程产生高温高压燃气,高温高压燃气从尾喷口高速喷出,使发动机产生反作用推力。第一代喷气式发动机噪声很大,如今大多用于军用飞机。许多机场还对采用喷气式发动机的飞机加以限制,禁止其降落。作为喷气式发动机的一种,涡轮风扇发动机的优点是耗油率低,因而经济性能好、噪声低。现代商务亚音速飞机多采用涡轮风扇发动机。

二、了解飞机系统

（一）飞行操纵系统

飞行操纵系统通常可划分为主操纵系统和辅助操纵系统。主操纵系统用来操纵副翼、方向舵和升降舵,以改变或保持飞机的飞行姿态;辅助操纵系统用来操纵襟翼、缝翼、扰流板、水平安定面等活动面,以达到增加升力(襟翼和缝翼)、减速、扰流卸升及纵向配平等目的。

（二）液压系统

飞机液压系统用于向飞机上各用压部分提供具有一定压力的液压油,实现助力操纵。

（三）飞机座舱环境控制系统

现代民航客机的飞行高度可达一万米,在此高度下外界环境不适合人类生存。座舱环境控制系统可以在各种飞行条件下,使飞机座舱内空气压力、温度、湿度、洁净度及气流速度等参数适应人体生理卫生需求。因此,飞机座舱环境控制系统的基本任务是使飞机的座舱和设备舱在各种飞行条件下具有良好的环境参数,比如空气压力、湿度、温度等,以满足机上人员的正常生活和工作需要,以及飞机设备的正常运行。

三、了解飞机客舱设备

（一）配餐室

配餐室一般位于驾驶舱和客舱之间,是乘务人员工作的场所。

（二）卫生间

按照有关规定,飞机机舱内卫生间数量应以平均每25—50人一个卫生间为原则设置,具体数量按照机型、航程等确定。在飞机上,每个卫生间约占4个座位空间。另外,飞机机舱内卫生间有设计成整体的,也有设计成可拆式的。

（三）视听设备

大中型民航飞机的座位上配备了耳机,旅客可以在座位上收听广播、欣赏音乐,大多数飞机客舱或座位上还配备了显示器,并提供视听节目供旅客欣赏,有的还显示飞机飞行信息等。飞机客舱的视听设备,如图2-29所示。为了避免对飞机雷达和导航系统的干扰,航空公司一般禁止旅客在飞机上使用便携式的音响设备、计算机、电子游戏机等。

（a）　　　　　　　　　　　　　（b）

图2-29　飞机客舱的视听设备

（四）救生设备

救生设备是供飞机上人员应急离机、安全降落和生存求救的设备。民航飞机上通常配备有氧气罩、救生衣、应急撤离滑梯、应急斧等救生设备。飞机客舱内的救生设备,如图2-30所示。在飞机座舱发生失密的情况下,氧气罩会自动从舱顶掉落,给机上人员提供充足的氧气。当飞机在海面上紧急迫降时,救生衣便会起到作用。当飞机发生紧急情况需要紧急迫降时,舱门一打开,充气滑梯可保障旅客安全着陆。假如飞机冲到海里,滑梯还可以充当救生船。飞机上,在靠近安全门的机舱顶部,还备有可充气的救生船。

(a)　　　　　　　　　　　　(b)

图 2-30　飞机客舱内的救生设备

(五)防火设备

飞机上的防火设备通常包括烟雾,以及过热探测器、灭火器、警告装置等。如客舱内发生小火灾可用灭火器来扑灭。舱内所用的地毯、机座等大多是防火的。假如机舱内有烟雾,舱内能见度较低,客舱走道上的紧急灯可使旅客能够尽快找到离他最近的紧急出口。为了防止火灾发生,飞机上是禁止吸烟的。

(六)储藏室

飞机上的客舱空间有限,旅客只能带一些随身用品或衣物,放在座位上方的柜子里,或放在前排座位的下面。

(七)座位

根据不同的服务等级,飞机客舱内的座位分为两个或多个不同布局的区域。每一架飞机的座位布局都是根据不同的需求不断发展和改进的。

■ **职业理想课堂(工匠精神)**

C919项目研制团队:为远飞之梦而生

(一)书写航空传奇的航天人

夜晚的星光稀疏,306所海鹰特材公司的C919大型客机研制生产厂房却灯火通明,处处是职工们埋头苦干的身影。

投身于航空事业近十年来,306所C919项目研制团队的成员们依然保持着飞航人的本色。他们默默坚守在一线,日复一日地吃苦、战斗、攻关、奉献,展现出令人惊叹的力量,用一件件完美的产品在航空制造领域书写了属于航天人的传奇故事。

(二)心怀梦想的团队领航人

高志强站在中国商飞公司的食堂里,身后是涌动的人流。他紧紧地攥着手中的汇报材料,指关节微微发白,略显紧张,但眼神始终坚毅。他真诚地说:"请认真考虑一下海鹰特材公司。"

这已经不是高志强第一次和中国商飞公司沟通了。在此之前,他已多次赶赴上海争取任务却未果。这一次,他得到了C919后机身后段A角供应商研制产品未成功的消息,抓准时机、当机立断,带领团队赶赴上海亲自向商飞公司领导做汇报,从工艺技术、配套设施等方面证明海鹰特材公司已具备研制生产后机身后段的能力。

就这样,海鹰特材公司于两个月后,正式开始了后机身后段的研制任务。截至2018年,海鹰特材公司已承担C919后机身前段、后段、垂尾长桁、副翼四个工作包的复合材料生产研制任务,占到C919复合材料总比重的40%。

(三)生产线后的幕后英雄

工装设计是复合材料零件生产线上的第一道关卡,也是重要的工序之一。"工欲善其事,必先利其器",合理设计的工艺装备是保障复合材料零件顺利生产的"生命线"。

郭长龙是工装设计组的一名技术员,他怀揣着梦想选择了飞行器设计工程专业,并加入工装设计组,开启了自己的圆梦之旅。令郭长龙没有想到的是,这份工作的难度和重要性都远远超过了他的想象。工装设计对产品的定性起着至关重要的作用。

"兵马未动,粮草先行",为了让团队在接到任务的第一时间就能投入生产,工装设计组在项目报价开展的同时就投入了工作。连续多个月,郭长龙和他的同事们每天工作近15个小时,长期处于连续思考和精神高度集中的工作状态,很多人都出现了失眠、脱发的症状。但在他们心里,能够设计出符合要求的工装才是最重要的事。

就这样,工装设计组作为生产线后的幕后英雄,以智慧与汗水出色完成了C919大型客机的四个工作包和某型号无人机的工装设计任务。如今,郭长龙已成为CR929宽体客机联合设计团队的领队,面临着更严峻的考验,他和他的组员们牢记使命,以他们自己的方式忠诚地记录着时间,踏踏实实地走过每一步。

(四)舍小家为大家

航空产品的质量检验是出了名的高标准、严要求,容不得丝毫马虎,随着C919大型客机的成功首飞和各部段的顺利交付,这群与产品质量打交道的人的工作量也越来越大,常常面临时间紧、任务重、人员少的严峻形势。

朱旭文是质量检验组副组长,自从加入C919项目研制团队以来,他就像一只旋转的陀螺,一刻也没有停歇过。

朱旭文的工作是复合材料生产过程跟检、产品检验,以及对检验现场的调配管理,但只要出现人员安排不开的情况,平日里不善言谈的他总是第一个冲上去。由于常常帮助其他成员,身兼数职的他渐渐掌握了工装检测、无损检测、CR射线检测、激光跟踪仪检测等各项专业技能,成为一名复合型人才。

面对艰巨的年度任务,朱旭文和团队成员日夜坚守一线,为了使产品符合适航局检查标准,朱旭文在质量检测工作上真正做到了高标准、严要求,谨慎地对待经手的每一个零件,不放过任何一个问题。

虽然面临诸多困难,但大家的心里都洋溢着属于航天人的自豪感,正如朱旭文所说:"家是家,可公司也是家,在公司需要我们的时候,舍小家为大家是必要的选择"。

（五）被遗忘在飞机部件里的人

2017年春天的一个深夜，装配制造组的成员们拖着疲惫的身躯走出了上飞总装厂的大门。历经十余天的抢工，他们终于在这一天完成了10102架C919大型客机系统支架的安装工作。在走出厂房大门的时候，大家发现团队里少了一个人："诶，'院长'去哪了？"

大家口中的"院长"名叫廖攀，是装配团队的生产组长。最终，大家在后机身后段79框和80框之间的密闭空间里找到了还在埋头苦干的他。79框和80框之间有几百个系统支架，由于担心组员们因为过度劳累出现失误，廖攀并没有和大家一起收工，而是留下来对支架进行清点，准确逐一确认无误后再离开。正是因为他工作时格外执着和忘我，大家半心疼半玩笑地称他为"院长"。

在后机身后段的总装工作中，长时间高强度的作业让组员们的身体和精神都承受着巨大的压力。很多个夜里，廖攀时常靠着厂房里的装配型架就睡着了。睁开眼睛，不知是白天还是黑夜，也不知自己身处何地，摇摇脑袋清醒一下，又继续咬紧牙关闷头干活。其他组员亦是如此，在进行装配工作时展现出强烈的责任心与使命感。

定位、钻孔、涂胶、铆接……就这样，装配制造组的成员就像搭积木一样，将几千个零件组装在一起，完成了一件令人惊叹的"艺术品"。

C919研制团队的所有成员，渺小而伟大。为了最初的梦想和最终的目标，他们不断拼搏，期待汇聚之后的某一刻能够绽放出绚烂的景象。

 **任务练习**

任务书

一、任务描述

在航空校园文化节活动中，有一项有特殊意义的活动"唤醒人生意义，砥砺使命责任——民航电影观后感"。

（一）英雄机组川航3U8633

2018年5月，刘传健驾驶3U8633航班从重庆飞往拉萨，飞机飞行40分钟后，在成都区域巡航阶段，驾驶舱右座前风挡玻璃破裂脱落，驾驶室设备失控，眼看着一场空难就要发生了。在危急关头，机长刘传健在气流吹袭和大量仪表被破坏的情况下，靠自己的判断维持飞行，组织机组正确处置。飞机安全备降成都双流国际机场，所有乘客平安落地。

（二）哈德逊河奇迹——英雄萨利机长

2009年1月，萨伦伯格与副驾驶斯基尔斯执飞的全美航空1549号航班，从纽约拉瓜迪亚机场起飞，原定经停夏洛特，飞往西雅图。然而，起飞后不到两分钟，飞机遭到鸟击，萨伦伯格果断决定迫降在哈德逊河上，机上155名乘客和机组人员全部生还，机长萨伦伯格也一举成名，被称为"国家英雄"。萨伦伯格的事迹后来被拍成电影《萨利机长》。时任纽约州州长的戴维·帕特森称这起无人遇难的空难事件为哈德逊河奇迹。

（三）民航迫降传奇故事——波兰客机腹部滑行成功迫降

2011年11月，一架波兰航空公司（LOT Polish Airlines）的波音767客机，在起落架不能打开的情况下凭借腹部滑行着陆，最终在华沙肖邦国际机场成功迫降。由于驾驶员技术高超，飞机上所有乘客和机组人员共231人全部安然无恙。具有多年驾龄的客机机长塔德乌什·弗罗纳以其冷静的头脑和高超的驾驶技术，成为当之无愧的波兰英雄。

二、任务要求

1.谈一谈你对飞机飞行安全的认识。
2.结合任务描述,你认为川航3U8633航班成功备降的主要原因有哪些。
3.结合任务描述,请回答作为一名机长,我们需要具备哪些职业素养。

三、任务分工

班级		组号		授课教师	
组长		学号			

组内成员

姓名	学号	问题1	问题2	问题3

四、任务实施

✈ **评价反馈**

　　小组代表陈述后,由各位同学和老师进行打分评价,并由老师进行最终点评,评价反馈表,如表2-3所示。

表2-3　任务结果评价反馈表

组号	评价内容		
评价人	问题1	问题2	问题3

任务三　领会飞机的飞行环境与原理

任务目标

【知识目标】

了解飞机的飞行环境以及天气对飞行安全的影响。

【能力目标】

(1)尝试使用连续性定理和伯努利定理解释日常生活中的现象。

(2)能解释飞机升力产生的原因。

【素质目标】

通过实际工作案例,结合民航"三个敬畏"精神,学生要树立"安全第一、作风严谨"的民航意识。

任务背景

2023年7月16日,中国东航在上海正式接收第二架国产C919大型客机。随后,编号为B-919C的C919客机执行MU2999调机航班,从上海浦东国际机场调机起飞,落地上海虹桥国际机场,正式"入列"东航机队。这也是第二架交付客户的C919大型客机。据悉,此次东航接收的C919大型客机为东航首批采购五架C919客机中的第二架,客舱布局与首架保持一致。2023年7月14日,中国民航华东地区管理局向东航颁发第二架C919飞机的国籍登记证、适航证、无线电台许可证,标志着该飞机已具备商业运营资质,符合民航规章的适航要求。

看到上面的信息,小顾心中想到了"敬畏生命、敬畏职责、敬畏规章"的民航精神,同时也感受到了安全是民航的第一生命线。但是,小顾心中也升起了疑惑,比如飞机是如何起飞的呢?

任务要求

根据上面的信息,小顾要解答心中的疑问,需要完成以下任务。

(1)通过查找资料,了解飞机的飞行环境。

(2)通过案例学习,体会不同的天气条件对飞机飞行安全的影响。

(3)解释飞机升力产生的原因。

知识链接

一、影响飞行的天气

平流层是较适宜民航飞机飞行的空间,但飞机在飞到平流层前,必须要经过有复杂气象变化的对流层。对流层的诸多极端天气,如大雾、低空风切变、颠簸、积冰、雷雨等,都是飞机飞行安全的重要威胁。

（一）影响飞机起降的特殊天气

1.低空风切变

风向和风速在特定方向上的瞬间变化叫风切变。低空风切变通常是指600米以下的空中风向或风速的明显变化。低空风切变示意图,如图2-31所示。低空风切变对飞机飞行安全威胁很大,是飞机在起飞、着陆过程中遭遇危险的原因之一,尤其是在飞机进近着陆过程中,它对飞行安全的威胁尤为严重。飞机遇到风切变时,周围空速将发生改变,从而使升力也发生变化。飞机力的平衡遭到破坏,会发生改变航迹和姿态改变的现象。这种情况发生在低空时,机组人员可能来不及进行操纵调整,很有可能造成飞机坠毁。

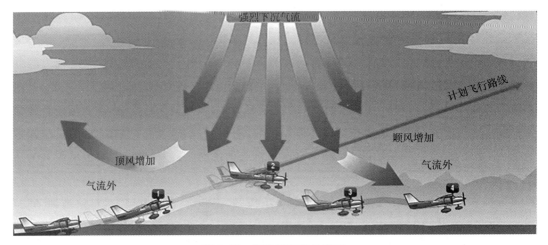

图 2-31　低空风切变示意图

2.地面大风

在陆地上,瞬时风速≥17米／秒(或目测估计风力≥8级)的风被称为大风。在航空上,对地面大风的概念更为严格,也更为精确。机型不同,其所能承受的最大风速也不同。风为矢量,它与跑道的夹角发生变化时,最大风速允许值也会随之变化。有地面大风时,往往会产生乱流涡旋,从而影响飞机的稳定性能。尤其是在侧风起降时,当侧风很大时,飞机难以保持平衡,大风会使机身倾斜,有时也会使翼尖擦地,造成事故。当风速强劲时,甚至会对停放的飞机造成很大破坏。在一定条件下,地面大风可能伴有风沙、吹雪、浮尘等,致使近地面的能见度降低,从而影响飞机起降。

3.低能见度

能见度是指具有正常视力的人,在当时的天气条件下,能够看清目标轮廓的最大距离。能见度的高低直接影响飞机起降,是决定日常飞行活动中的"机场关闭""机场开放"的气象条件之一。

(二)影响航行的特殊天气和现象

1.飞机积冰

飞机积冰是指飞机机身表面某些部位产生冰层积聚的现象,如图2-32所示。当飞机在云中飞行或在降水中飞行时,云中的过冷水滴或降水中的过冷雨滴受到机体撞击后,急速蒸发吸热,使机体表面温度降低,未蒸发的水滴即冻结产生冰层。水汽也会直接在机体表面凝华产生冰层。

图2-32 飞机积冰

2.飞机颠簸

飞机颠簸是指飞机在飞行中遇到扰动气流,产生的飞机颤振、上下抛掷、左右摇晃、仪表不准,飞行员操纵困难等现象。

轻度颠簸会使人员感到不适甚至受伤;颠簸剧烈时,短时间内飞机上下抛掷十几次,其高度会有数十米甚至几百米的变化,飞行员会暂时失去对飞机的控制;颠簸特别严重时,产生的过载甚至可能超过飞机机体结构强度,造成飞机解体。

3.雷暴

雷暴是一种强烈的对流性天气。雷暴出现时,多伴有雷电、暴雨、冰雹和大风。当飞机在雷暴中飞行时,云中强烈的乱流会使飞机发生严重颠簸,甚至使飞机处于无法控制的状态;云中大量的过冷却水滴会使飞机表面积冰;闪电会严重干扰飞机的无线电通信,甚至烧坏仪器;冰雹可能会击穿飞机蒙皮等。

4.高空急流

高空急流指高空中风速超过30米/秒的强、窄气流。高空急流的分布比较有规律。某些急流随季节的变化而南北移动。例如,我国的北支西风急流和南支西风急流,它们夏季北移,冬季南移。在我国南海地区上空还存在一条东风急流。在急流中,风的水平切变和垂直切变明显,容易引发气流扰动,从而造成飞机颠簸。当飞机逆急流飞行时,速度降低,燃料消耗大;当飞机横穿急流时,将产生很大的偏流,对领航计算和保持航线不利。但是,如果掌握了高空急流的分布及其特点,则可利用急流,顺其飞行,增大速度、节约燃油、缩短航行时间。

 二、流体的运动定理

飞机同气球、飞艇的升空原理不同。气球和飞艇比空气轻,完全可以依靠空气的浮力升空,就如同木材能浮在水面上一样。飞机之所以能在空中飞行,是因为有一股力量大于它的重力,这股力量可以将数百吨重的飞机托举在空中。这股力量是由机翼和空气之间的相对运动产生的。任何物体只要和空气产生相对运动,空气就会对它产生作用力,这个力就是空气动力。

(一)流体的连续性定理

由日常生活中的经验可知,河水在河道窄的地方流速快,在宽的地方流速慢。实际上,这里面包含了一个流体运动的基本原理,即流体流过流管时,在同一时间流过流管任意截面的流体质量相等。

因此,当流体以稳定的流速在管道中流动时,流体流速与管道的截面积成反比,即流体在变截面的管道中流动时,截面积大的地方流速低,截面积小的地方流速高。这就是流体的连续性定理。

流体的连续性定理阐述的是流体的流速与管道截面积之间的关系。

(二)伯努利定理

在航海史上曾经发生过奇怪的海上两船相撞事故。很多年前,在风平浪静的大海上,两艘船平行同方向高速行驶,突然间,两艘船失去控制,猛烈地撞在一起。事后调查发现,这起事故并不是驾驶员的人为差错造成的。到底谁是这次撞船事故的罪魁祸首呢?下面讲述的伯努利定理将给出答案。

伯努利定理描述的是流体在流动过程中压力和流速之间的关系。它是研究气流特性和在飞行器上产生空气动力的物理原因及其变化的基本定理之一。

可用实验说明大气的流动速度与压强之间的关系。试验管管道直径中间小两头大,它用软管与压力计的各玻璃细管相连通。当大气静止时,在试验管的各个截面上的大气压强相同,都等于大气压强,所以在玻璃管道中压强指示剂的液面高度相同。但当大气稳定地、连续地流过试验管道时,情况就不同了。观察测压管中指针发现:管道直径小的地方流速增加,压强减小。流体压强随流速变化的这一关系即称为伯努利定理。伯努利定理,如图2-33所示。图中B点压强大于A、C点。

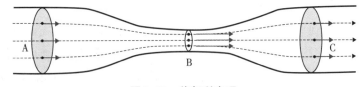

图2-33 伯努利定理

反过来说,在气体流动过程中要获得不同的压强,可以通过改变管道的截面积来实现。截面积变大时,压强变大,截面积变小时,压强变小。

三、飞机失速

随着机翼迎角增大,升力增大。当迎角继续增大,大于某一值时,机翼上表面的气流就会发生分离,形成涡流。随着分离涡的扩大,机翼上表面的吸力减小,升力突然降低,阻力迅速增大,这一现象被称为失速。飞机失速示意图,如图2-34所示。

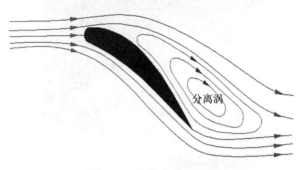

图 2-34 飞机失速示意图

任务实施

本着认识飞机的飞行环境及飞行原理的基本要求,以踏实、认真、严谨的态度实施工作任务,具体内容如下。

一、查找并收集资料,了解飞机的飞行环境 ✈

人类生活的地球被一层空气包围着,地球周围的这层气态物质叫作大气。大气的底界是地球,顶界是没有明显自然边界的散逸层,一般认为大气的顶界有2000—3000千米高。受地球引力的影响,大气密度随高度的增加而降低。

根据不同的气象条件和气温的垂直变化等特征,一般将大气层分为五层:对流层、平流层、中间层、暖层和散逸层。大气分层示意图,如图2-35所示。大气层中的各种现象对航空器的飞行活动都有重要影响。

中间层、暖层、散逸层
在平流层之上,按照温度高低划分。它们的高度均超过民用飞机正常飞行极限。

平流层
顶界离地约50千米,该层只有水平方向的风,没有空气的上下对流,平流层的底部是飞机较理想的飞行空间。

对流层
大气中最低的一层,底界是地面,顶界随纬度和季节而变化。对流层气温随高度的增加而降低。

（a）

图 2-35 大气分层示意图

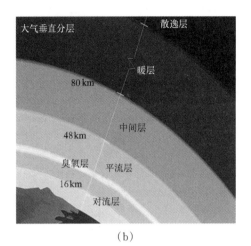

（b）

续图 2-35

民航飞机主要活动于对流层和平流层，从地面算起到约18000米高度之内。没有增压的飞机和小型的喷气飞机在7000米以下的对流层中飞行；大型和高速的喷气式客机装有座舱环境控制系统，在7000—13000米的对流层顶部和平流层中飞行。在对流层的上部和平流层的下部，几乎没有垂直方向的气流，飞机飞得平稳，且由于空气稀薄，飞行阻力小。飞机在对流层的上部和平流层的下部以较高的速度飞行，节约燃油，经济性能好。通常称对流层的上部和平流层的下部为飞机飞行的理想环境。

二、收集、整理并学习不同天气对飞行安全的影响的案例

（一）波兰总统专机在浓雾中坠毁

2010年4月，一架载有波兰总统莱赫·卡钦斯基，以及政府和立法机构众多高官的图-154型专机在俄罗斯斯摩棱斯克坠毁，机上包括机组人员在内共的97人全部遇难，驾驶失误导致了这起悲剧的发生。俄罗斯专家解读出的黑匣子录音内容显示，飞机飞行时性能良好，也无任何技术问题，完全是人为因素导致的结果。录音内容显示，机场塔台航管对飞机发出了警告指令"机场浓雾不宜降落"，飞行员未接受建议指令改至其他机场降落，仍然试图降落在本机场，最终酿成悲剧。

（二）闪电击中飞机导致127名乘客遇难

2012年4月，巴基斯坦Bhoja Air（博雅航空公司）213号航班从卡拉奇真纳国际机场起飞，由于恶劣天气坠毁在伊斯兰堡贝娜齐尔·布托国际机场。机上127人丧生。Bhoja Air事故调查人员认为，由于飞机降落时，天空中大雨倾盆，雷电交加，飞机的坠毁可能是因为被闪电击中。

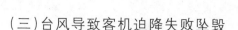

（三）台风导致客机迫降失败坠毁

2014年7月，复兴航空公司GE222航班，在澎湖上空失联，机型ATR 72，乘客54人，机组4人，由高雄飞往澎湖马公。因为台风影响，紧急迫降失败，坠毁在澎湖县湖西乡西溪村。媒体报道，事件造成48人死亡，10人受伤，另外波及附近两栋民宅，造成火灾。

经过上述飞行天气风险案例学习，可以发现，影响飞机安全飞行的气象因素有很多，雷暴、低能见度、低空风切变、积冰等均会对航班安全运行造成不同程度的影响，轻则致使航班延误，重则引发安全事故。

随着航空事业的快速发展，航空安全问题也逐渐受到人们的广泛关注。气象因素是影响飞机安全飞行的重要因素，几乎每年都会出现由恶劣天气导致的不同程度的航空安全事故。长期以来，控制复杂的气象因素对民航安全的威胁一直都是民航安全工作的难点。由于气候的复杂多变，相关工作人员在航班运行准备过程中应严密监测天气情况，提前做好准备工作，并提前制定好各种应急预案，尽可能降低复杂天气对航班运行的影响，确保飞机的安全飞行。

三、解释飞机升力产生的原理

飞机之所以能够在天空中飞行，主要升力来源于机翼。机翼的翼型是流线型的。翼型是指把机翼沿平行于机身纵轴方向或垂直于机翼前缘切下的剖面。飞机翼型示意图，如图2-36所示。

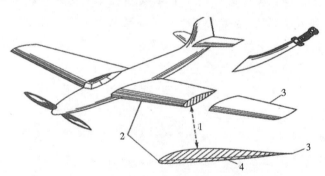

图2-36　飞机翼型示意图

1—翼型；2—前缘；3—后缘；4—翼弦

气流流到翼型的前缘，分成上下两股，分别沿翼型的上下表面流过，并在翼型的后缘汇合后向后流去。机翼上下表面的弯曲程度其实是不一样的，其上表面的曲线弧度要比下表面的弧度大些。翼型的上表面，由于受到正迎角和翼面外突的影响，流速增大，压力降低；翼型的下表面，由于气流受阻，流速减慢，压力增大。这样，翼型的上下翼面就出现了压力差，这个压力差是向上的力，这个力就是升力。当升力大于飞机的重力时，飞机就会上升；当升力小于飞机的重力时，飞机就会下降；当升力和飞机的重力相等时，飞机就会保持水平飞行。飞机产生升力的示意图，如图2-37所示。

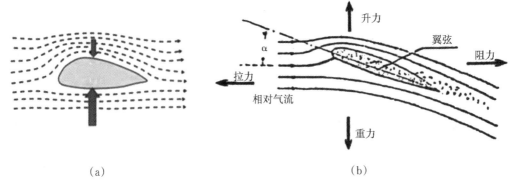

（a）　　　　　　　　　　　　　　　　　　（b）

图 2-37　飞机产生升力的示意图

飞机的升力主要与迎角（翼弦与相对气流的夹角）、飞机的飞行速度、机翼面积成正比。失速是因为，飞机的迎角超过最大的临界迎角（正常迎角），气流不再平滑地流过机翼的上表面，而是产生了强烈的气流分离，破坏了机翼上表面气流的流线，使机翼上下表面的压力差减小，从而使升力显著减小，同时阻力急剧增大。若不立即减小迎角，飞机将进入难以控制的下冲状态，对飞行安全危害极大，飞行中必须避免进入失速状态。

■ 职业理想课堂（工匠故事）

歼-20试飞员李吉宽自述——"试飞是勇敢者的事业"

任何一个国家，要想建立强大的航空工业，都离不开一支优秀的试飞员队伍。一款新型战机，从设计论证到列装部队，通常需要十几年甚至几十年的漫长时间。试飞员的使命和职责，就是驾驶这些尚未定型的战机在各种极限条件下进行飞行性能测试。

在采访歼-20试飞员李吉宽时，他曾说道，试飞是勇敢者的事业。每当坐在歼-20上眺望远方，我总会想起二十多年前调入试飞部队时那个青涩的自己。那时候，我还不能理解试飞员的意义是什么。

当我在西北大漠初遇某型试验机，触摸着钢铁战鹰，我第一次感受到大国重器的震撼。试飞员肩上的使命与责任是全力以赴驾驶战机飞出高风险、高精度、高难度的动作。

一天午后，我同往常一样确认战机状态良好后，信心满满地驾机起飞。就在战机飞离地面不久后，机身突然不受控制地向右翻滚。电光石火间，我迅速反向压驾驶杆，机身却不停倾斜。这种情况通常是无解的，没想到我竟然碰上这样的"死局"。

反复操作无果后，我决定向前压驾驶杆。压杆瞬间，战机竟然自动恢复可控。我立即加大油门，拉起战机，快速冲上云霄。

这次经历让我重新认识了试飞事业——必须有充足的技术和心理准备，不断挑战飞行极限，才能担负起国家最新式、最尖端的军用航空器试飞任务。

后来，我担任歼-20战机试飞员，在多次空中险情中沉着冷静处理，保住了宝贵的战机和试飞数据。歼-20首飞那天，看着心爱的战机翱翔天空，我内心激动不已。

从事试飞事业二十多年来，虽然多次遭遇特情、与死神擦肩而过，但我深深地热爱这份职业。能够试飞自主研制的先进战机,我感到无比光荣与自豪,我愿意继续奋斗在试飞一线,为实现空军战略转型贡献自己的力量,推动人民空军不断飞向新高度。

任务书

一、任务描述

　　2005年8月,秘鲁国营航空204号班机搭载着91名乘客,从首都利马起飞,计划前往普卡尔帕,最后再抵达伊基托斯。此次执飞的机长奥克塔维欧是一名前空军少将,副驾驶是刚刚实习没多久的刚扎罗,还有一名经验丰富的替补副驾驶品托。航空公司为了让实习生进行实践训练,让实习副驾驶和机长一同操控飞机。刚扎罗基本功扎实,驾驶飞机完美平稳地飞上了天空,一小时后,他们将抵达普卡尔帕。

　　普卡尔帕是亚马逊地区的热门旅游地点之一,但这里交通落后,外国游客和本地商人都只能在这里的一个单跑道小型机场进出,而且这个机场没有天气雷达,空管员只能依靠飞越该地的飞行员传回信息。

　　飞机上,由于替补副机长的座椅安全带坏了,他就去客舱休息了。当飞机在33000英尺的高度巡航时,机长开始联系普卡尔帕的航空管制中心,来获得十分钟后的落地指示。空管告诉他们,机场南边3000英尺有积雨云正在形成,而这个积雨云刚好在他们的行进路线上。然而,机长对这样复杂多变的天气早已习以为常,他自信地认为他们可以穿过积雨云。在距离机场85千米时,飞机遇到了暴风雨,机长直接驾驶飞机冲进乌云,空管赶紧联系了机长,要求他们下降到450米再视情况而定。于是,机长设定了新的目标高度,与此同时,有一架飞机备降在普卡尔帕。机组告诉空管,天气正在急速恶化。此时,204号班机距离跑道40千米,机组完全可以到备降机场或者返回利马,但机长坚持去往普卡尔帕。

　　不幸的是,天气越来越恶劣,客舱外电闪雷鸣,客舱里剧烈摇晃、颠簸不止,下午2点45分的时候,外面一片漆黑。在他们距离机场还有几千米的时候,机长关掉了自动驾驶,改成手动。突然,204号班机遇到了猛烈的冰雹袭击,机长也开始慌张起来。按规定,看不到跑道是不能降落的。但由于过于紧张加上能见度很低,副驾驶根本找不到跑道。正在他们专心寻找跑道的时候,突然近地警报响起,飞机竟然在一瞬间下降了300米,现在距离地面不足150米。机长试图将飞机拉升起来,但不幸的是飞机竟然直接失控,朝地面俯冲而去,最后坠毁在一片丛林里。最终确定,在飞机上的94人中,有40人不幸去世,其中包含三名飞行员。

二、任务要求

　　1.谈一谈你对飞机飞行环境的认识。

　　2.结合任务描述,请回答秘鲁国营航空204号航班失事的可能原因有哪些。

　　3.结合任务描述,请回答我们有哪些措施能够提高飞机的飞行安全。

三、任务分工

班级		组号		授课教师	
组长		学号			

组内成员

姓名	学号	问题1	问题2	问题3

四、任务实施

 评价反馈

小组代表陈述后，由各位同学和老师进行打分评价，并由老师进行最终点评，评价反馈表，如表2-4所示。

表2-4　任务结果评价反馈表

组号	评价内容		
评价人	问题1	问题2	问题3

项目三 / 计算飞机载重量

任务一 飞机重量基本术语知多少

任务目标

【知识目标】

(1)熟知飞机重量的基本术语。

(2)熟记飞机重量的等式关系。

【能力目标】

(1)具备运用飞机重量的基本术语分析实际案例的能力。

(2)掌握飞机重量的等式关系。

(3)会计算飞机的油量。

【素质目标】

通过实际工作案例,学生要体会到安全第一、生命至上的重要性。

任务背景

2019年3月,东航上海浦东至伦敦MU551航班在飞行途中,一名女性旅客突发不适,伴有心跳加快、气喘严重、呕吐不止等症状,东航航班放油39吨后备降北京,安排旅客下机治疗,现已转危为安。

MU551航班,执飞机型为B777-300ER,着陆时的安全结构限制为251吨,从浦东起飞时因为长航线载油较多,达108吨,在备降折返点,机上还有83吨航油,飞机重量仍较之最大着陆重量超过了44吨。为确保安全着陆,机组执行放油程序,在空中放油39吨,再加上折返途中消耗了5吨燃油,满足了着陆的安全要求。B777-300ER的飞行手册技术参数,如表3-1所示。

表3-1　B777-300ER的飞行手册技术参数

参数名称	技术详细信息
引擎	2台 通用电气 GE90-115BL
翼展	64.8米
长度	73.9米

续表

参数名称	技术详细信息
高度	18.5米
机组成员	2-3/1-13
座位数	316(6个包厢式头等舱 / 52个公务舱 /258个经济舱)
最大着陆重量	约251吨
最大起飞重量	约351吨
最高速度	950千米/时
巡航速度	892千米/时
满载时最远航程	13650千米

✈ **任务要求**

根据以上信息,请思考以下问题。

(1)请分析MU551航班为什么要在空中紧急放油,这和飞机重量有什么关系。

(2)MU551航班基本参数信息:飞机基本重量(BW)为112543 kg、增加机组2/8(按每人80 kg计算)、货舱设备1125 kg、储藏室200 kg、机组行李150 kg,请计算飞机修正后的基本重量(DOW)。

(3)预估本次航班有旅客325人(按每人77 kg计算)、行李(按每人15 kg计算)、10个空运集装箱(AKE,按每个82 kg计算)、预估货重13400 kg。请计算飞机无油重量(ZFW)。

(4)飞机载有成人252人(按每成人77 kg计算)、儿童67人(按每儿童40 kg计算)、婴儿0人,行李198 pcs/2946 kg、10个空运集装箱(按每个82 kg计算)、实际货重13405 kg。飞机的总油量重108000 kg、耗油为86400 kg、滑行油量为500 kg。请计算本航班的起飞重量(TOW)和落地重量(LDW)。

✈ **知识链接**

飞机的重量和限制是配载平衡工作中的重要内容。要准确地描述一架民航飞机有多重并不容易。我们知道,不同的飞机重量是不同的,但是对于同一型号的飞机重量也有多种不同描述方式,并且每一种方式都对应不同的飞机状态。

一、飞机重量的基本定义 ✈

(一)飞机的基本重量

1.基本重量

飞机的基本重量(basic weight,BW)指除去业务载重量和燃油外,已完全做好飞行准备的飞机重量,主要包括以下五方面内容。

一是,空机重量,指飞机本身的结构重量,动力装置、固定设备重量,油箱内不能使用或放出并固定存留于其中的燃油重量、润滑油重量,以及散热器降温系统中的液体重量等的总和。

二是,机组人员重量,指标准机组及其随身携带的物品重量(每种机型的空勤组人数是确定的,称为标准机组)。机组人数按照"驾驶员人数/乘务员人数"格式表示,如有随机机组,但不承担本次航班任务,则表示为"驾驶员人数/乘务员人数/随机机组人数"。

三是,附加设备重量。

四是,服务设备及供应品重量。

五是,其他非商务载重量(如航材、公司内部文件、资料等)。

2.修正后的基本重量

在标准基本重量的基础上,每次航班依据实际飞行任务的需求不同,需要对机组、航材、食品、附加设备等变量项目进行修正,修正后的基本重量(dry operating weight,DOW)才是每次航班计算业载的可用数据。一般情况下,每增减1名机组人员,按增减80 kg计算;其他情况,按实际重量计算。修正后的基本重量计算公式如下。

修正后的基本重量=基本重量+增/减机组人员重量+增/减附加设备重量+增/减服务设备及供应品重量+增/减其他非商务载重量　　　　　　　　　　(3-1)

(二)飞机的起飞油量

起飞油量(take off fuel,TOF)也称飞机燃油重量,是飞机在起飞滑跑、达到抬前轮速度时,飞机油箱内可供飞行使用的全部燃油的重量。起飞油量由航段耗油量和备用油量组成,不包括地面开车和滑行油量,计算公式如下。

$$起飞油量 = 航段耗油量 + 备用油量　　　　　　　　　(3-2)$$

1.航段耗油量

航段耗油量(trip fuel,TIF)即飞机由起飞站到目的站航段需要消耗的燃油量,是根据航段距离和飞机的平均地速,以及飞机的平均每小时耗油量确定的,计算公式如下。

$$航段耗油量 = \frac{航段距离 \times 平均每小时耗油量}{平均地速}　　　　　(3-3)$$

2.备用油量

备用油量(reserve fuel weight,RFW)按照飞机从降落机场飞抵备降机场上空,并在备降机场上空盘旋45分钟油量的原则而定,计算公式如下。

$$备用油量 = (\frac{目的站与备降机场的距离}{飞机的平均地速} + \frac{45}{60}) \times 平均每小时耗油量　(3-4)$$

(三)飞机的最大重量

1.最大起飞重量

最大起飞重量(maximum take-off weight,MTOW)是根据飞机结构强度和发动机的功率等因素确定的,是指飞机在起飞滑跑、达到抬前轮速度时全部重量的最大限额。

影响飞机最大起飞重量的因素有以下七点:一是场温、场压和机场标高;二是风向、风速;三是跑道的长度、坡度,道面结构,道面干湿度;四是机场周围净空条件和要求的航线高度;五是航路上单发超越障碍物的能力;六是中断起飞时,轮胎线速度和刹车热容量;七是是否使用喷水设备,以及是否使用除冰设备等。

飞机实际起飞重量包括飞机的基本重量、起飞油量和业载量。值得注意的是,任何情况下,飞机实际起飞重量都不能超过飞机的最大起飞重量。

2.最大着陆重量

最大着陆重量(maximum landing weight,MLDW)又称为最大落地重量,是根据飞机的起落设备和机体结构所能承受的冲击载荷而规定的飞机在着陆时全部重量的最大限额。

影响飞机最大着陆重量的因素主要有跑道长度、坡度、净空条件、机场标高、场温、风速风向、起落架抗冲击载荷等。

飞机实际着陆重量包括飞机的基本重量、业载和备用油量。值得注意的是,正常情况下,飞机实际落地重量不允许超过飞机的最大着陆重量,飞机重着陆会使飞机结构受损,危险极大。

3.最大无油重量

最大无油重量(maximum zero fuel weight,MZFW)又称为飞机的最大无油全重或最大零油重量,是根据机翼的结构强度而规定的除燃油之外允许的最大起飞重量。

实际无油重量包括飞机基本重量和业载量。

综合来看,对于一架飞机来说,三个主要的限制重量分别是:最大起飞重量、最大着陆重量、最大无油重量。任何一个航班的安全飞行,都必须满足三个条件:一是起飞重量小于等于最大起飞重量;二是着陆重量小于或等于最大着陆重量;三是无油重量小于或等于最大无油重量。

4.最大滑行重量

最大滑行重量(maximum taxi weight,MTW)指飞机开始起飞滑行前全部重量的最大限额。

最大滑行重量由最大起飞重量与滑行油量构成。滑行油量包括滑跑用油和地面开车用油,供飞机在地面滑行消耗。

(四)业务载量

1.最大允许业载

最大允许业载(allowed payload,APLD)是指执行航班任务的飞机允许装载的旅客、行李、邮件、货物的最大重量。

2.实际业务载量

实际业务载量(payload,PLD)指飞机实际装载的旅客、行李、邮件、货物重量的总和。

3.固定负载

固定负载(dead load)也称死重量,指飞机运载货物、邮件、行李,以及压舱和集装设备等的重量总和,通常指除旅客重量的业务重量。

4.操作重量

操作重量(operating weight,OW)包括修正后的基本重量和起飞油量。

二、飞机重量等式

$$操作重量＝修正后的基本重量＋起飞油量 \qquad (3-5)$$
$$滑行重量＝起飞重量＋滑行油量 \qquad (3-6)$$
$$总油量＝起飞油量＋滑行油量 \qquad (3-7)$$
$$实际无油重量＝修正后的基本重量＋业载总重量 \qquad (3-8)$$
$$着陆重量＝起飞重量－航段耗油量＝无油重量＋备用油量 \qquad (3-9)$$
$$剩余业载＝最大允许业载－实际业载 \qquad (3-10)$$
$$飞机起飞重量＝无油重量＋起飞油量 \qquad (3-11)$$

✈ 任务实施

本着掌握、理解和会应用飞机重量术语的基本要求,遵循学生认知规律,学生要完成相应任务,具体过程如下。

一、MU551航班在空中紧急放油的原因及其与飞机重量的关系

为了挽救机上一名病重旅客的生命,本着安全第一、生命至上和企业承担的社会责任,东航MU551航班按照规章操作在空中放油,准备安全备降。

飞机在起飞时需要携带预期飞行全程所需的足够油量及一定的备用油量。在按计划飞抵目的地时,飞机携带的燃油消耗也基本和起飞前的预期相差无几。此时,飞机的机身重量符合起降标准。

但是,如果飞机在起飞不久就需要降落的话,那么飞机携带的燃油并没有被消耗。此时,机身重量就超过规章标准中规定的着陆重量。根据东航MU551航班机长回忆,当时飞机的实际重量约为282吨,超过了该机型最大着陆重量(约251吨,见表3-1)。因此,飞机为了安全降落,只能在空中放油。

二、计算修正后的基本重量(DOW)

根据修正后的基本重量,可知:
$$DOW＝112543＋10×80＋1125＋200＋150＝114818\,(kg)$$
故 DOW 为 114818 kg。

三、计算实际无油重量(ZFW) ✈

根据题意,可知本次航班的业载为:
$$325×(77＋15)＋82×10＋13400＝44120\,(kg)$$

由式(3-8)可知,实际无油重量＝修正后的基本重量＋业载总重量,即:
$$ZFW＝114818＋44120＝158938（kg）$$
故 ZFW 为 158938 kg。

四、计算本航班的起飞重量(TOW)和落地重量(LDW)

根据题意,本次航班的业载为:
$$252×77＋67×40＋2946＋82×10＋13405＝39255（kg）$$
因为:
$$飞机的总油量＝起飞油量＋滑行油量$$
所以:
$$起飞油量＝飞机的总油量－滑行油量＝108000－500＝107500（kg）$$
故 $TOW＝107500＋39255＋114818＝261573（kg）$,$LDW＝261573－86400＝175173$（kg）。

■ 职业理想课堂

人命关天,东航空中放油39吨备降救人的背后故事

2019年3月27日,在东航上海浦东至伦敦航班MU551飞行途中,一旅客突发不适,并伴有心跳加快、气喘严重、呕吐不止等症状,东航机组果断做出了空中放油39吨、备降首都机场的决定。危急时刻,机组人员如何决定是否备降?为什么要紧急放油?备降付出了多少成本?《面对面》对航班机组成员进行了专访。

2019年3月27日下午,东方航空MU551航班从上海浦东机场起飞,前往伦敦西斯罗机场。飞机起飞一个多小时后,乘务长跑进驾驶室,告诉责任机长王鹏,客舱内一位三十多岁的女士自述心跳急促,呼吸困难,并伴随有呕吐。事发第一时间,乘务员就把这位乘客从经济舱转移到了公务舱,并且从乘客中找到了两位外籍医务人员前来相助,王鹏交代乘务员及时汇报最新的情况。仅仅过了五六分钟,乘务长再次来到驾驶室,她说旅客的状况没有好转,状态也不稳定。这位旅客到底怎么了?

根据医生的建议,乘务长给这位旅客调了两瓶氧气供她吸氧,但并没有缓解的迹象。外籍医生给这位旅客测了血压、心跳、心率,也都在正常范围内。这与王鹏看到的这位旅客情绪急躁、表情痛苦存在差异。

王鹏:我相信一个人在神志正常的情况下,她描述自己的主观感受不是胡搅蛮缠,她脸上神情也很痛苦,并伴有呼吸急促、发烧、畏寒。我从主观上判断她的状况非常紧急。

事情发生时,MU551航班已经抵达北京空域的边缘。飞机在空中高速飞行,在王鹏他们进一步确认这位乘客病症的时间里,飞机已经飞临中蒙边境。乘客的病情将会好转还是进一步恶化?如果恶化该如何处置?200多位旅客和10多位机组人员要不要和她一起返航?王鹏必须尽快做出决定。

王鹏:离国境线还有25分钟,如果我继续往前飞就飞出去了。飞出去再想备降,我要

花费更多的时间折返,如果这个旅客有不适或者病情进一步发展,对她是不利的。但是如果我们现在备降会耽误很多旅客的行程,会给公司造成很多的损失。

记者:那要继续往前飞呢?

王鹏:如果继续往前飞,我觉得弊大于利。一是担心这位旅客身体出问题,再一个可能会造成客舱恐慌,她如果歇斯底里或者伤害别的旅客,在客舱里是否会扰乱客舱秩序这都很难说。

记者:这25分钟对你来说非常宝贵,你要想的事太多了。

王鹏:挺纠结的,也很矛盾。一般旅客突发疾病,医生会给出明确的指示,这个旅客确实不能再飞了,或者她已经病入膏肓了,她的心跳已经很微弱了等,但是我们这次没有。

在所有机组成员商议之后,刚刚飞越中蒙国境线到达蒙古国上空不久的MU551航班调转机头,向着国内飞了回来。

在得到MU551航班返航备降的明确请求以后,东航运控中心迅速启动应急机制。在最终确定返航并备降首都机场后,MU551航班第一时间联系了空管,请求首都机场做好飞机落地的准备工作。飞机安全落地时,医疗小组已经到位,生病的乘客在第一时间被送往医院,并且得到了有效救治,目前已经康复出院了。

按照时任东航总值班经理张庆华的介绍,一吨航油至少5000元人民币,空中放油近40吨,折合20万人民币。比正常行程晚5个小时,从首都机场重新起飞时,飞机新加了50吨航油。两者相加,此次折返备降,东航仅航油的损失就在45万人民币以上。此外,公司还需要承担空管指挥的费用,以及在首都机场落地后地面保障等费用。对于这样的损失,张庆华介绍,航空公司要承担一部分,保险公司也会承担一部分,生病的旅客一分钱也不需要承担。

记者:航空公司要不要对本次航班的其他旅客进行补偿?

张庆华:我们对这些旅客是提供正常餐食保障的。

记者:仅此而已?

张庆华:因为这个是不可控的一种,没有哪位旅客看到这种情况说我要跟航空公司要这个钱,说你耽误了我5个小时的行程。生命大于天,这个时候没有哪位旅客认为这种备降是不应该去做的。

任务书

一、任务描述

机号B-2809,B757-200机型飞机FM9101航班执行上海虹桥至北京首都机场的飞行任务,起飞时间为上午11:00,到达北京首都机场的时间为中午12:50。备降机场选择了天津滨海机场。首都机场与天津滨海机场之间的距离为300千米,该飞机的平均飞行速度为600千米/时,平均每小时耗油2140千克。

二、任务要求

1.请写出备用油量、航段耗油量的计算公式。
2.请计算本航班的起飞油量。

计算飞机载重量 项目二

三、任务分工

班级		组号		授课教师	
组长		学号			

<table>
<tr><td colspan="6">组内成员</td></tr>
<tr><td colspan="2">姓名</td><td colspan="2">学号</td><td>问题1</td><td>问题2</td></tr>
<tr><td colspan="2"></td><td colspan="2"></td><td></td><td></td></tr>
<tr><td colspan="2"></td><td colspan="2"></td><td></td><td></td></tr>
<tr><td colspan="2"></td><td colspan="2"></td><td></td><td></td></tr>
</table>

四、任务实施

评价反馈

　　小组代表陈述后,由各位同学和老师进行打分评价,并由老师进行最终点评,评价反馈表,如表3-2所示。

表3-2　任务结果评价反馈表

组号	评价内容	
评价人	问题1	问题2

任务二　计算最大业务载重量

任务目标

【知识目标】

　　(1)知道最大业载的含义。

　　(2)熟知最大业载的计算方法。

【能力目标】

能够运用公式计算最大业载。

【素质目标】

通过实际工作案例,学生要能体会到配载工作中的"失之毫厘,谬以千里",要做到对安全配载问题零容忍。

✈ 任务背景

东航上海浦东至伦敦 MU551 航班,增加机组人数为 4/11,BW 141298 kg,Total fuel(飞机的总油量)40200 kg,Taxi fuel(飞机的滑行油量)500 kg,TIF 30000 kg,MTOW 294835 kg,MLDW 208652 kg,MZFW 195044 kg。

✈ 任务要求

根据上面的信息,请计算 MU551 航班的最大业载。

✈ 知识链接

任何一种交通运输工具,由于自身结构强度、客货舱容积、运行条件及运行环境等原因,都必须有最大装载量的限制。飞机是在空中飞行的运输工具,要求具有更高的可靠性和安全性。因此,国家对飞机的最大装载量有更加严格的限制。

➤ 一、业载的定义 ✈

飞机的业载即业务载荷,也称为"商载",航空公司运输旅客、行李、货物、邮件,对于集装器型货舱的飞机要再加上装载货物行李需要使用的集装器的重量,有时为了保证飞机的平衡需要额外使用到的压舱袋,也就是沙袋等,统称飞机的业载。总的来看,不包含在飞机操作重量内的,往飞机上装的所有东西都称为业载。业载的内涵,如图3-1所示。

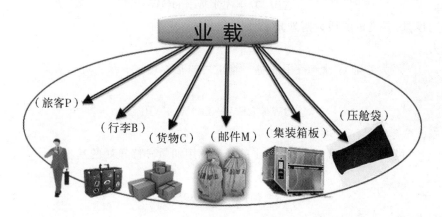

图 3-1 业载的内涵

计算飞机载重量 项目三

二、计算最大业务载重量的意义

一是，避免超载，实际业载不能大于最大业载；二是，减少空载，实际业载要接近最大业载；三是，提倡满载，实际业载可以等于最大业载，经济效益与安全效益最大化。

三、最大业载的计算公式

飞机最大业载的计算步骤如下。

第一步，根据飞机最大起飞重量计算最大业载。

因为：

最大起飞重量＝修正后的基本重量＋起飞油量＋最大允许业载

即：

$$MTOW＝DOW＋TOF＋APLD$$

所以，

最大允许业载$_1$＝最大起飞重量－修正后的基本重量－起飞油量　　　　(3-12)

即：

$$APLD_1＝MTOW－DOW－TOF$$

第二步，根据飞机的最大无油重量计算。

因为：

最大无油重量＝最大允许业载＋修正后的基本重量

即：

$$MZFW＝APLD＋DOW$$

所以，

最大允许业载$_2$＝最大无油重量－修正后的基本重量　　　　(3-13)

即：

$$APLD_2＝MZFW－DOW$$

第三步，根据飞机的最大落地重量计算。

因为：

最大着陆重量＝备用油量＋修正后的基本重量＋最大允许业载

即：

$$MLDW＝RFW＋DOW＋APLD$$

所以，

最大允许业载$_3$＝最大着陆重量－备用油量－修正后的基本重量　　　　(3-14)

即：

$$APLD_3＝MLDW－DOW－RFW$$

第四步，最大业载的取值。

不同状态下，飞机的最大允许业载不同。因此，根据每种状态计算出的最大业载数值也是不一样的，应采用其中最小值为本次航班的最大允许业载，这样才能保证飞机在起飞、着陆、无油三种状态下都不超过飞机限制重量。因此,最大业载的计算公式如下。

$$APLD = min(APLD_1, APLD_2, APLD_3) \qquad (3\text{-}15)$$

此外,飞机制造厂根据飞机结构强度和各种性能会规定最大允许业载装载的限额。对飞机进行装载时,实际装载量也不应超过飞机的最大允许业载的重量限额。因此,最大业载计算公式如下。

$$APLD = min(APLD_1, APLD_2, APLD_3, 最大允许业载限额) \qquad (3\text{-}16)$$

✈ 任务实施

本着能够准确、快速计算飞机最大允许业载重量这一基本要求,本任务的实施步骤如下。

解:根据题意,可得如下计算。

$$DOW = 141298 + 15 \times 80$$
$$= 142498\,(kg)$$
$$TOF = \text{Total fuel} - \text{Taxi fuel}$$
$$= 40200 - 500$$
$$= 39700\,(kg)$$
$$RFW = TOF - TIF$$
$$= 39700 - 30000$$
$$= 9700\,(kg)$$
$$APLD_1 = MTOW - DOW - TOF$$
$$= 294835 - 142498 - 39700$$
$$= 112637\,(kg)$$
$$APLD_2 = MZFW - DOW$$
$$= 195044 - 142498$$
$$= 52546\,(kg)$$
$$APLD_3 = MLDW - DOW - RFW$$
$$= 208652 - 142498 - 9700$$
$$= 56454\,(kg)$$
$$APLD = min(APLD_1, APLD_2, APLD_3)$$
$$= 52546\,(kg)$$

答:本航班的最大业载为 52546 kg。

■ 职业理想课堂

(一)超级 Bug 或致航空灾难:将"Miss"视为儿童,造成载重计算错误

英国监管部门声称,载重计算失误导致飞机起飞时使用错误的推力。英国航空公司 TUI 用来办理乘客登机手续的软件出现了编程错误,导致 2020 年 7 月三趟航班的飞行载重计算错误,这个安全问题存在着严重的隐患。

　　英国航空事故调查局(Air Accidents Investigation Branch,AAIB)发布的一份报告声称:之所以出现这个错误,是由于乘客登机软件将乘客名单中被标为"Miss"的乘客视为儿童,因此分配的载重为35 kg,而不是普通成人的69 kg。

　　AAIB的这份报告将错误归因于对于"Miss"一词的理解方面存在文化上的差异。报告称:系统编程不是在英国进行的,在系统编程生成的那个国家,"Miss"这个称呼被用于儿童,"Ms"才被用于成年女性,错误由此而来。

　　(二)俄客机冲出跑道后才起飞,飞行员算错重量险酿事故

　　2019年8月,俄罗斯一架载有150人的波音737-800客机在起飞时冲出了跑道,但俄罗斯飞行员竟然成功将飞机给拉了起来,并飞往目的地安全降落。根据俄罗斯媒体报道,涉事航企是俄罗斯S7航空。

　　为何飞机刚开始没有被拉起来?据报道,机组人员或是使用了比实际重量少15吨的起飞重量来计算飞机的起飞性能。俄罗斯航空人士称,机组或无意输入了零燃油重量(可简单理解为未装载燃油时的航空器重量),而非所需的起飞重量。因为飞机实际重量远大于机组用于计算飞行性能时输入的重量,少计算的这些重量不仅使得飞机有起飞及落地超重的风险,还可能影响飞机的配平,使得飞机难以操控。涉事的机型为波音737-800,该机型空机重量约为41.41吨,最大起飞重量约为78.25吨,15吨能占据飞机的部分重量。事实上,波音737-800的正常起飞距离不超过2450米,本次俄罗斯S7航空使用的是莫斯科多莫杰多沃机场32L跑道,这条跑道的长度为3200米。也就是说,飞机在超出正常起飞距离约750米后仍未被成功拉起。

 **任务练习**

任务书

一、任务描述

　　1.航班 CZ6903,飞机号 B2859,DOW 60126 kg,TOF 17300 kg,TIF 12350 kg,MTOW 108862 kg,MLDW 89811 kg,MZFW 83460 kg。

　　2.B-2138号飞机执行CJ6518航班任务,航班自福州经青岛至沈阳,该机空机重量为37800 kg,至青岛的燃油量为11600 kg。航段耗油量为8600 kg,飞机最大起飞全重62230 kg,最大落地全重58967 kg,最大无油全重55338 kg。

二、任务要求

　　1.请写出最大业载的计算公式。
　　2.请计算CZ6903航班的最大业载。
　　3.请计算CJ6518航班的最大业载。

三、任务分工

班级		组号		授课教师	
组长		学号			

组内成员

姓名	学号	问题1	问题2	问题3

四、任务实施

✈ 评价反馈

小组代表陈述后,由各位同学和老师进行打分评价,并由老师进行最终点评,评价反馈表,如表3-3所示。

表3-3　任务结果评价反馈表

组号	评价内容		
评价人	问题1	问题2	问题3

任务三　计算实际业务载重量

✈ 任务目标

【知识目标】

知道实际业载的定义。

【能力目标】

会计算飞机实际业载,并能做出合理选择。

【素质目标】

通过实际工作案例,学生要做到做事一丝不苟、追求极致,并做到立足岗位,勇于创新和探索,践行民航"三个敬畏"精神。

✈ 任务背景

东航上海浦东至伦敦MU551航班,机组人数为4/11,BW 141298 千克kg,Total fuel

40200 kg，Taxi fuel 500 kg，TIF 30000 kg，MTOW 294835 kg，MLDW 208652 kg，MZFW 195044 kg。本航班实际登机人数252/67/0、行李198 pcs/2946 kg、10个AKE（每个重82 kg）、邮件50 kg。

 **任务要求**

根据上面的信息，需要完成以下任务。

（1）计算MU551的实际业载。

（2）请计算本航班最大可以载运的货物重量。

（3）若本航班实际货重为13410 kg，请计算本航班的剩余业载。

 **知识链接**

 **一、飞机的实际业载**

飞机的实际业载（Payload/traffic load）是指实际配装上飞机的旅客、行李、邮件、货物重量的总和。实际操作时，要计算出实际有多少的业载需要装载，即把需要装的旅客、行李、货物和邮件等重量全部加起来，如果没有超过最大业载的限制就全部装上，如果超了就要把重量超过的部分卸下，保证飞机上装载的实际业载小于允许装载的最大业载，计算公式如下。

实际业载＝旅客的重量＋邮件重量＋行李的重量＋货物的重量

执行航班任务时，飞机可能出现以下三种状态。

一是，当飞机的实际业载等于最大允许业载时，飞机为满载状态。理论上讲，满载的经济效益最好，所以预配工作以飞机满载为标准，预计实际业载。

二是，当飞机的实际业载小于最大允许业载时，飞机为空载（或次载）状态。准确地知道飞机的剩余业载，可适量地接收旅客和货物，最大限度地减少航班的空载，提高飞机的客座利用率和载运率，提高空运经济效益。

三是，当飞机的实际业载大于最大允许业载时，飞机为超载状态。超载飞机表现出的主要问题有：需要较高的起飞速度；需要较长的起飞跑道；减小了爬升速度和角度；降低了最大爬升高度；缩短了航程；降低了巡航速度；降低了操纵灵活性；需要较高的落地速度；需要较长的落地滑行距离。

 **二、确定旅客重量**

实际业载中包含的旅客重量是按照标准的旅客平均重量进行计算的，具体见表3-4。

表3-4　标准平均旅客重量表

类别	国内航班/kg	国际航班/kg
成人	72	75

类别	国内航班/kg	国际航班/kg
儿童	36	40
婴儿	10	10

✈ 任务实施

本次任务的实施过程如下。

(1)计算本航班最大可以载运的货物重量。

解:根据题意,可得如下计算。

$$DOW = 141298 + 15 \times 80$$
$$= 142498 \text{ kg}$$
$$TOF = Total\ fuel - Taxi\ fuel$$
$$= 40200 - 500$$
$$= 39700\ (kg)$$
$$RFW = TOF - TIF$$
$$= 39700 - 30000$$
$$= 9700\ (kg)$$
$$APLD_1 = MTOW - DOW - TOF$$
$$= 294835 - 142498 - 39700$$
$$= 112637\ (kg)$$
$$APLD_2 = MZFW - DOW$$
$$= 195044 - 142498$$
$$= 52546\ (kg)$$
$$APLD_3 = MLDW - DOW - RFW$$
$$= 208652 - 142498 - 9700$$
$$= 56454\ (kg)$$
$$APLD = \min(APLD_1, APLD_2, APLD_3)$$
$$= 52546\ (kg)$$

本航班旅客重量为

$$252 \times 75 + 67 \times 40 = 21580\ (kg)$$

所以,本航班可以载运的最大货物重量为

$$52546 - (21580 + 2946 + 82 \times 10 + 50) = 27150\ (kg)$$

(2)计算 MU551 的实际业载。

解:结合(1)知,本航班实际业载为

$$21580 + 2946 + 82 \times 10 + 50 + 13410 = 38806\ (kg)$$

(3)若本航班实际货重为 13410 kg,请计算本航班的剩余业载。

解:方法1

结合(1)和(2),知本航班的剩余业载为

$$剩余业载=最大允许业载-实际业载$$
$$=52546-38806$$
$$=13740(kg)$$

方法2

根据题意,其他业载确定时,剩余业载是本航班最大可载运货物的重量与实际载运货物重量的差额。因此,本航班的剩余业载为

$$27150-13410=13470(kg)$$

答:本次航班最大可以载运货物重量为27150 kg;实际业载为38806 kg;剩余业载为13470 kg。

■ **职业理想课堂(工匠故事)**

博学深思进取奉献——深航地服员工沈炳辉

宝剑锋从磨砺出,梅花香自苦寒来。在深航地面服务部配控中心的大家庭中,有这样一个人,他是默默耕耘的生产能手、是敢于创新的技术人才、是从严执教的兼职教员。他没有惊天动地的豪言壮语,也没有可歌可泣的丰功伟绩,但他用行动告诉了身边人什么是主人翁精神,他闪耀着一名平凡共产党员的光辉。在辛苦工作中,他没有怨言,只有忙碌的身影,他就是地面服务部配控中心优秀党员——沈炳辉。

配载工作不但可以通过对重心的控制确保飞机飞行安全,而且还可以通过精细化操作将重心配到最佳,节约油量,产生经济效益。一台电脑、一台对讲机、一支笔、一大堆数据表,就是配载工作的全部。因此,配载员也被称为"幕后英雄"。自投入配载工作以来,沈炳辉深知自己责任重大,从抽象的配载概念到各类机型性能数据、重心特点、各种操作指令、工作流程,再到手工填制装机单、平衡图注意要点,他都牢记于心。勤奋好学的他在短短的一年多时间内业务能力稳步提升,成为了配载的业务骨干,参与了科室诸多重大任务的保障工作。

2013年4月,沈阳分公司顺利收回地面服务业务,载重平衡工作也将由分公司配载室开展。由于分公司配载员均为新员工,保障经验不足,在前期的保障中存在很多困难。为确保航班运行安全,根据相关要求,配控中心在3月底委派了业务骨干沈炳辉前往分公司进行为期20天的载重平衡业务支援,此时他刚刚新婚一个星期。接到任务后,他没有犹豫,放弃了蜜月之旅,全身心投入到工作中。分公司前期的配载工作是重要的,也是辛苦的,沈炳辉深知自己肩负重任。在接收业务前期,他日夜坚守在岗位上,根据遇到的实际情况列出一系列处理方案和解决办法。另外,他还耐心指导分公司配载员,在管理模式、流程整合、业务标准、技术培训等方面传授了大量经验,并协助分公司配载室制定了操作流程手册。最终,沈炳辉圆满地完成了支援任务,得到了分公司配载室的高度评价。

作为一名党员,沈炳辉不仅自己技术过硬,还不忘"传、帮、带"。作为科室新员工的带

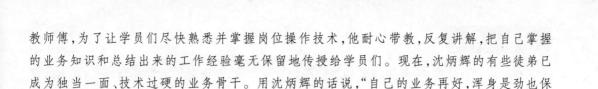

教师傅,为了让学员们尽快熟悉并掌握岗位操作技术,他耐心带教,反复讲解,把自己掌握的业务知识和总结出来的工作经验毫无保留地传授给学员们。现在,沈炳辉的有些徒弟已成为独当一面、技术过硬的业务骨干。用沈炳辉的话说,"自己的业务再好,浑身是劲也保障不了全部航班,只有让更多人掌握技术,大家共同努力,才能让科室的工作越做越好。"

作为配载国际教员,沈炳辉肩负着外站配载代理人复训的重任。外站代理人往往同时操作多个航空公司的航班,各航空公司的标准不统一,所以如何将深航的操作标准准确地讲解给代理人显得至关重要。在培训前,沈炳辉总会细心地将每个航站的复训材料检查一遍又一遍,以确保课件的准确性。在培训时,沈炳辉不仅讲解配载业务,同时也将深航的安全理念传达给代理人,要求代理人严格按照深航操作标准执行,确保航班运行安全,得到了代理人们的一致好评。

作为一名党员,沈炳辉没有什么惊天动地的事迹,但他持之以恒、坚持不懈,所做的事虽平凡又普通,却折射出党员的先进性。在工作中,他始终牢记宗旨、不忘责任,始终无私奉献、任劳任怨,做到了全心工作、真心待人,是大家学习的榜样。

✈ 任务练习

任务书

一、任务描述

1.执行CJ6518航班任务的B-2138号飞机实际业务载重量如下:旅客共计人数为94/4/2,行李重1100 kg,邮件重200 kg,货物重1800 kg。

2.FM5101从福州飞至上海,该飞机的起飞全重、落地全重、无油全重分别为99790 kg、89811 kg、83461 kg;该飞机的基本重量为58440 kg,该航班任务额外增加一名机组人员,起飞油量11000 kg,其中航段耗油8000 kg。飞机的最大业载限额为30300 kg,飞机上的旅客为200/00/00,行李重806 kg。

二、任务要求

1.请计算CJ6518航班的实际业务载重量。

2.请计算FM5101航班最大可以载运的货物重量。

3.若FM5101航班实际载运货物重量为3159 kg,请判断FM5101是否超载。

三、任务分工

班级		组号		授课教师	
组长		学号			

组内成员

姓名	学号	问题1	问题2	问题3

四、任务实施

 评价反馈

　　小组代表陈述后,由各位同学和老师进行打分评价,并由老师进行最终点评,评价反馈表,如表3-5所示。

表3-5　任务结果评价反馈表

组号	评价内容		
评价人	问题1	问题2	问题3

项目四 | 飞机平衡控制

任务一　认识飞机平衡

任务目标

【知识目标】

(1)了解飞机在空中飞行时的受力情况,并能找出飞机的重心。

(2)理解配载员是如何安排客、货、行、邮在机舱内的布局,使飞机重心处在最佳位置上的。

【能力目标】

(1)会分析旅客乘机时不恰当行为对飞机平衡的影响。

(2)会分析飞机的重心、稳定性和操纵性之间的关系。

【素质目标】

通过理论学习,学生要学会勇于迎接挑战、敢于攻坚克难,养成敏而好学和终身学习的习惯,争当配载"巧手"。

任务背景

2009年7月,发生的500年一遇的日全食引发了大众的逐日热潮,有部分天文爱好者选择了在万米高空观看日全食,"逐日航班"成了当天的一个热门词汇。

当日全食发生时,许多乘客为了争相目睹这一历史时刻,都拥到了飞机的一侧,扎堆观看或者拍照,更有兴奋者,甚至在客舱里跳了起来。由于乘客过于集中在客舱的一侧,导致飞机有些倾斜,空乘人员见状,赶紧劝阻乘客道:"快坐下来,请大家各自回到各自的座位上。"由于飞机在飞行中执行拐弯动作时需要侧倾,所以大多数乘客对于飞机的倾斜,不会有太多的直接感受,也有乘客对此不以为意,认为飞机这么大,还怕这点重量的变化吗。

任务要求

根据上面的信息,请完成以下任务。

(1)通过查找资料,分析飞机在空中飞行时的受力情况,并找出飞机的重心。

(2)旅客乘机时擅自更换座位,为什么可能导致飞机失衡?

（3）通过学习，了解配载员安排客、货、行、邮在机舱内的布局，使飞机重心处在最佳的位置上。

（4）通过学习，分析飞机的重心、稳定性和操纵性之间的关系。

✈ 知识链接

飞机在空中水平飞行时，会遇到空气的阻力。因此，要保持飞机在一定速度下飞行，就必须有足够的发动机推力或拉力来克服这种阻力。所以，飞机平衡并做等速水平飞行需满足两个条件：一是发动机推力或拉力等于飞机的阻力；二是为了使飞机保持一定的飞行高度，还必须产生足够的升力，升力大小应当等于飞机的重力大小。飞机水平飞行时的四个作用力，如图4-1所示。由于飞机在空中运行过程中没有任何着力点，所以平衡重心是影响飞行安全的重要因素。

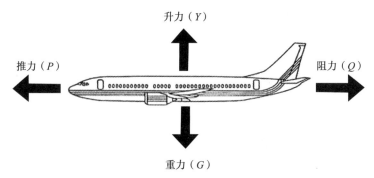

图4-1　飞机水平飞行时的四个作用力

一、飞机重心 ✈

重力是地球对物体的吸引力，飞机的各部件（机身、机翼、尾翼、发动机等）、燃油、货物、旅客等都要受到重力的作用。飞机的重力是飞机各部分重力的合力，用 G 表示。飞机重心指飞机各部分所受重力之合力的作用点。飞机重心，如图4-2所示。重心所处的位置叫重心位置，飞机在空中绕飞机重心转动。因此，确定飞机重心位置是十分重要的。

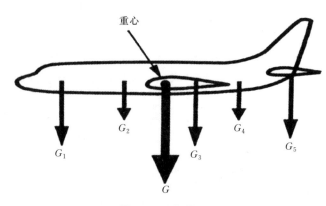

图4-2　飞机重心

（一）飞机重心位置表示法

飞机重心的位置常用重心到某特定翼弦上投影点到该翼弦前缘点的距离占该翼弦的百分比来表示。这一特定翼弦，就是平均空气动力弦（Mean aerodynamic chord，MAC），如图4-3所示。

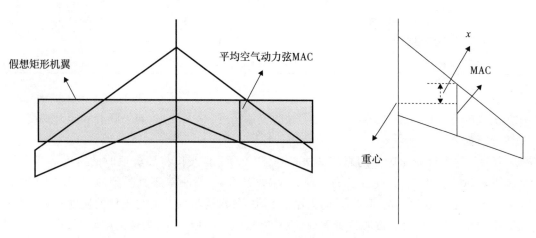

图4-3 平均空气动力弦

注：x表示MAC投影点到前缘点的距离。

平均空气动力弦，是一个假想的矩形机翼的翼弦。该假想的矩形机翼和给定的任意平面形状的机翼面积、空气动力，以及俯仰力矩相同。在这个条件下，假想矩形机翼的弦长，就是给定机翼的平均空气动力弦长。机翼的平均空气动力弦的位置和长度，均可以从飞机技术手册上查到。将平均空气动力弦作为基准，就可以计算飞机重心相对位置。飞机重心位置（%MAC）为重心投影点到平均空气动力弦的前缘之间的距离与平均空气动力弦的长度的百分比，其表达式：

$$重心位置 = \frac{重心投影点到平均空气动力弦的前缘之间的距离}{平均空气动力弦长度} \times 100\% \qquad (4\text{-}1)$$

每种机型的平均空气动力弦、标准平均翼弦的长度和所在位置都是固定的，且都已在飞机的技术说明书中写明。因此，在计算飞机重心位置时，首先，可以把飞机的重心投影到平均空气动力弦上；其次，测量重心投影点到平均空气动力弦的前缘之间的距离；最后，计算重心投影点到平均空气动力弦的前缘之间的距离占平均空气动力弦长度的百分比，即可求得重心的位置。

飞机重心位置与装载情况有关，与飞机飞行状态无关。当载重及其分布情况改变，飞机重心位置也会发生移动。如果飞机平衡重心的前半部分载重增加，则重心位置前移；反之，重心位置后移。因此，在飞机飞行中，收放起落架、燃油消耗等都会使飞机重心位置发生变化。

（二）重心位置对飞机性能的影响

重心位置对飞机性能的影响随飞行阶段的变化而不同，主要是因为重心位置影响飞机的失速速度。重心位置对飞机性能的影响，如表4-1所示。

表4-1　重心位置对飞机性能的影响

飞机性能	影响因素	结论
起飞性能	失速速度	飞机重心位置相对越靠前,飞机的失速速度就越大
	起飞滑跑	飞机重心位置相对越靠后,起飞滑跑性能越好,需要的跑道长度越短
	起飞爬升	飞机重心位置相对越靠后,起飞爬升性能越好
	爬升梯度	飞机重心位置相对越靠后,爬升梯度越大
飞行性能		飞机重心位置相对越靠后,耗油越少
着陆性能		飞机重心位置相对越靠前,失速速度越大;相对越靠后,失速速度越小

1.对起飞性能的影响

飞机的重心位置主要影响飞机起飞时的失速速度、起飞滑跑、起飞爬升和爬升梯度等,具体分析如下。

第一,对飞机失速速度的影响。失速速度(Vs)是指飞机将要失速时的速度。当飞机的速度在这个速度上,其受到的向上的力(主要是升力)大小等于其受到的向下的力(主要是重力与可配平安定面的抵消力)的大小。其中,飞机受到的升力与飞机的速度有关,即飞机飞得越快,升力越大。重心位置靠前,飞机有较大的下俯力矩,失速速度较大;重心靠后,飞机的下俯力矩较小,失速速度小于重心位置靠前时的失速速度。因此,重心位置相对越靠前,失速速度(Vs)的数值越大。

第二,对于起飞滑跑的影响。飞机的重心位置靠后会改变飞机的抬头姿态,有助于飞机抬轮;反之,则会造成飞机的机头较重和抬轮困难。因此,重心位置相对越靠后,飞机起飞滑跑性能越好,需要的跑道长度就越短。

第三,对于起飞爬升的影响。飞机的重心位置靠后会改变飞机的抬头姿态,而这有助于飞机的爬升;反之,则会造成飞机的机头较重和爬升困难。因此,重心位置相对越靠后,飞机的起飞爬升性能越好。

第四,对于爬升梯度的影响。飞机重心位置相对越靠后,爬升梯度越大。

总之,飞机的重心位置相对越靠后,飞机的操作性会越好。

2.对飞行性能的影响

重心位置相对靠前,就需要较大的抵消力臂以保持飞机的平飞。这是飞机升力和重力之间平衡力臂增强的结果。如果出现一个前重心位置,那么可配平的水平安定面被设置到飞机的抬头位置,就会让升力降级,进而产生较大的阻力,而这个阻力会导致耗油量的增加。因此,重心位置相对越靠后,飞机的耗油量越少。

3.对着陆性能的影响

重心位置靠前,失速速度大;重心位置靠后,失速速度小。

对于一个给定的着陆距离,失速速度(Vs)值越低,着陆重量(LW)就越大。因此,重心相对越靠后,需要的着陆距离越短(着陆重量越大)。

二、飞机的转动轴 ✈

飞机在空中的运动,可分解为飞机各部分随重心一起移动和各部分绕重心转动。为便

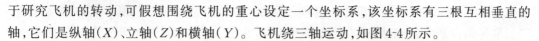

于研究飞机的转动,可假想围绕飞机的重心设定一个坐标系,该坐标系有三根互相垂直的轴,它们是纵轴(X)、立轴(Z)和横轴(Y)。飞机绕三轴运动,如图4-4所示。

纵轴:飞机绕纵轴的运动称为横滚或滚转。因此,纵轴也叫横滚轴。操纵副翼可使飞机产生横滚(滚转)运动。

横轴:通过飞机重心和纵轴垂直伸向两翼的轴称为横轴,其箭头方向向右。飞机绕横轴的运动称为俯仰。因此,横轴也称为俯仰轴。操纵升降舵可使飞机产生俯仰运动。

立轴:立轴通过飞机重心并与纵轴和横轴垂直,箭头方向向下。飞机绕立轴的转动称为偏航。因此,立轴又称为偏航轴。操纵方向舵可使飞机产生偏航运动。

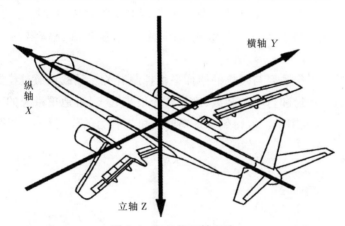

图4-4　飞机绕三轴运动

三、飞机的平衡

所有飞机都是规则的、对称的。因为无论是最大起飞重量达几百吨的巨型宽体客机,还是最大起飞重量只有几吨的小型商务机,之所以能够在天上飞,除了借助飞机发动机的推力,还必须遵循平衡原理。

飞机的平衡是指作用于飞机上的各力之和为零,各力对飞机重心构成的各力矩的代数和也为零。飞机处于平衡状态时,飞行的速度和方向都保持不变,也不绕飞机重心转动;反之,处于不平衡状态时,飞行的速度和方向可能都将发生变化,并绕飞机重心转动。

飞机的平衡直接受到各部分作用力的影响,如空气对飞机的作用力、地球对飞机业载的引力等。作用于飞机各部位的力,如果不通过飞机的重心,就会对飞机的重心产生力矩,使飞机转动。飞机的力矩有三种:引起飞机上仰或下俯的力矩叫俯仰力矩;引起飞机向左侧或右侧倾斜的力矩叫滚转力矩;引起飞机向左方或右方转向的力矩叫偏转力矩。因此,飞机的平衡有三种,即俯仰平衡、横侧平衡和方向平衡。只有在三个方向都平衡,飞机才处于平衡状态。

(一)飞机俯仰平衡

1.俯仰平衡分析

飞机的俯仰平衡是指飞机做等速直线运动,并且不绕横轴转动的飞行状态。保持飞机

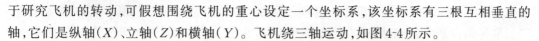

俯仰平衡的条件是作用于飞机的各俯仰力矩的代数和为零,此时飞机既不上仰,也不下俯。飞机取得俯仰平衡后,不绕横轴转动,迎角保持不变。机翼和水平尾翼的升力产生的俯仰力矩会影响飞机的俯仰平衡。其中,机翼的力矩主要是机翼升力对飞机重心构成的俯仰力矩,水平尾翼力矩是水平尾翼的升力对飞机重心构成的俯仰力矩。

飞机装载的重量主要是在飞机的纵轴线上,飞机载重的安排对飞机重心的影响巨大,而重心的变化又影响飞机的俯仰平衡。因此,配载员的主要工作是通过合理安排客、货、行、邮使飞机的重心在规定的范围内,以控制飞机的俯仰平衡。实际上,飞机重心的位置是有严格限制的。因此,配载员只要按照飞机的技术规范进行业载安排就能保证飞机的重心在其允许的范围内。当然,影响飞机俯仰平衡的因素除旅客座位安排方式、货物的装载位置及滚动情况外,还有机上人员的走动、燃油消耗、不稳定气流、起落架或副翼的伸展和收缩等。

总之,配载员的工作主要与飞机的俯仰平衡控制有关。配载员通过控制客舱旅客座位的发放,以及货舱内货物和行李的装载,确保整个航班起飞、落地重量等的平衡重心在飞机设计性能安全允许的范围内。取得俯仰平衡时飞机上各力的作用情况,如图4-5所示。

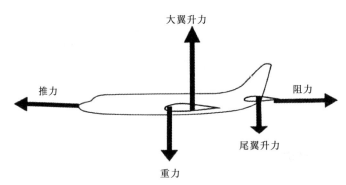

图4-5　取得俯仰平衡时飞机上各力的作用情况

注:大翼指飞机的机翼。

2.保持飞机俯仰平衡的方法

飞机由于外界干扰而失去俯仰平衡,但飞机的重心在规定的范围内时,可以靠飞机自身的安定性能自动恢复平衡,也可通过操纵驾驶杆改变升降舵角度而使飞机恢复俯仰平衡。具体分析如下。

驾驶员可通过控制飞机升降舵的偏转角度保持飞机的俯仰平衡。驾驶员操纵驾驶盘,当前推驾驶盘时,升降舵向下偏转,使水平尾翼的升力增大,从而增大飞机低头力矩;当后拉驾驶盘时,升降舵向上偏转,使水平尾翼的升力减小,可使飞机抬头力矩增大。

现代大型飞机纵向尺寸大,重心纵向位移量较大,单靠升降舵不能保证在各种飞行状态下的纵向平衡。因此,现代大中型飞机的水平安定的安装角大多是可调节的。需要长时间或大角度操纵升降舵时,可以通过改变水平安定面的安装角实现纵向配平。

飞机在起飞之前,应根据飞机的载重和平衡的情况进行水平安定面的配平,如图4-6所示。水平安定面在起飞之前必须调节到起飞位,即 TAKE-OFF 区内,以保证飞机在起飞过程中的纵向操纵。

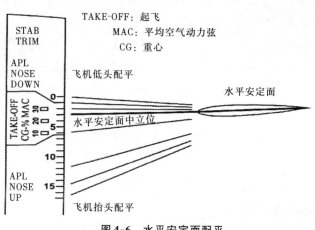

TAKE-OFF：起飞
MAC：平均空气动力弦
CG：重心

图4-6　水平安定面配平

3.飞机起飞时,重心位置和水平安定面配平的考量

(1)起飞重心位置的考虑。

相对来说,如果飞机的重心位置靠后,方向舵的力臂长,会提高飞机水平方向的操纵性。同时,由于升降舵和水平尾翼的力臂长,又会提高飞机垂直方向的操纵性,进而使飞机整体的操纵性提高。如果飞机重心位置靠前,将增加水平安定面配平调整片的偏转角度,使飞机阻力整体增加,最终导致总燃油消耗量略有增加。

配载员在制作载重平衡图时需要保证在整个飞行过程中,飞机的重心都在安全包线范围内。一般来说,航程短的航线,重心位置在中间较为理想,而中远程航线,重心位置略偏后较好。在下雨等特殊天气状况下,由于飞机轮胎可能会滑水,重心位置不宜太靠后。

(2)起飞水平安定面配平。

飞机的水平安定面主要用来控制飞机的俯仰配平。在飞机起飞时,由于重心位置的不同,驾驶杆所需的操纵力也不同。飞机重心位置越靠前,操纵操纵杆所需的力就越大;飞机重心位置越靠后,操纵操纵杆所需的力相对越小。因此,为取得适当的操纵杆力,使飞行员操作起来更省力,需要在飞机起飞前将水平安定面配平设置在适当的单位(位置)。

每次起飞之前,机组会依据飞机的起飞重量及起飞重心位置恰当地调定水平安定面的下倾角度,保证飞机安全起飞。起飞时,水平安定面的调定角度叫配平格(Trim 或 Stab Set)。

（二）飞机的横侧平衡

飞机的横侧平衡又称横向平衡,是指作用于飞机的各滚转力矩之和为零。飞机取得横向平衡后,不绕纵轴滚转。影响飞机横侧平衡的因素有燃油的加装和利用方式、货物的装载情况和滚动情况,以及空气流的作用等。因此,飞机加油和耗油时都要保持左右机翼等量。宽体飞机装载货物时要保证机身两侧的载量差距在规定的范围内,同时,固定货物的位置,避免货物在飞机失去横侧平衡时向一侧滚动而加重不平衡的程度。

当飞机由于某种原因失去横侧平衡时,可以通过改变某侧机翼的副翼角度使飞机恢复平衡。例如,当飞机向左侧滚转时,则增大左侧副翼放下角度使左侧升力增大,使飞机重新回到横侧平衡的状态。

（三）飞机的方向平衡

飞机的方向平衡是指作用于飞机的各偏航力矩之和为零,飞机取得方向平衡后,不绕立轴转动。影响飞机方向平衡的主要因素是发动机的推力和横向风。例如,飞机在飞行时,一台发动机熄火,则飞机必然向该发动机所在一侧偏向;又如,飞机在飞行时遇到一股横向风,出现偏向。

当飞机由于某种原因失去方向平衡时,可以通过改变方向舵角度使飞机向相反方向偏转,恢复方向平衡。

四、飞机的稳定性 ✈

（一）稳定性

在飞行中,飞机会经常受到各种各样的扰动,如气流波动,发动机工作不均衡,驾驶员偶然触动舵杆等,这些扰动会使飞机偏离原来的平衡状态。在偏离后,飞机能否自动恢复原状,反映的就是飞机稳定或不稳定的问题。

要理解飞机在空中如何稳定飞行,就要先了解物体比如说圆球的稳定情况。圆球的三种平衡状态,如图4-7所示。

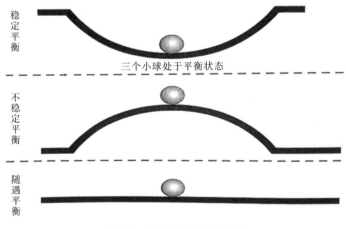

图 4-7　圆球的三种平衡状态

一个物体的稳定性和它是否平衡有关。例如,一个圆球首先应能平衡,然后才能稳定。当圆球处于平衡状态时,对它稍加一点力,它原来的状态就会改变,外力一取消,它立刻就会恢复到原来的状态。这种情况叫"稳定平衡"。如果加外力后它就离开了原位,外力取消后,并不能恢复到原来状态,这就叫"不稳定平衡"。

飞机的平衡情况也是一样的,也有稳定、不稳定等情况。

如果飞机在空中做水平直线等速飞行,这时升力等于重力,拉力等于阻力,各种力量互相抵消。那么,这架飞机就处于平衡状态,正在平衡地飞行。

倘若一个小的外力(例如突然吹来一阵风)对飞机造成了短暂干扰,破坏了它的平衡,在外力消失后,驾驶员不加操纵,飞机靠自身某个构件产生的力矩,就能恢复到原来的飞行

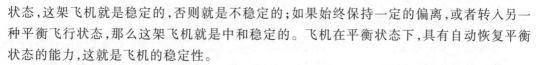

状态,这架飞机就是稳定的,否则就是不稳定的;如果始终保持一定的偏离,或者转入另一种平衡飞行状态,那么这架飞机就是中和稳定的。飞机在平衡状态下,具有自动恢复平衡状态的能力,这就是飞机的稳定性。

飞机与圆球的运动有一点不同,即飞机是在空间中飞行,而圆球是在平面上滚动的。因此,飞机是否稳定须通过三根互相垂直的轴来考虑。这三根轴都通过飞机的重心。飞机重心就是飞机各部分所受重力之合力的作用点。从机头贯穿机身到机尾的轴叫纵轴,其方向指向机头。从左翼通过飞机到右翼,并与纵轴垂直的轴叫横轴,这两根轴同处水平面内。通过重心并和这两根轴垂直的轴叫立轴。飞机绕这三根轴线有纵向、方向和侧向稳定。同时,也有三种运动,绕横轴的运动叫俯仰运动,绕立轴的运动叫偏航运动,绕纵轴的运动叫滚转运动。

(二)飞机纵向稳定性

飞机绕横轴的稳定运动叫纵向稳定,或俯仰稳定。影响飞机纵向稳定的一个重要因素是飞机迎角的变化。当飞机平衡飞行时,若有一个小的外力干扰,使它的迎角变大或变小,飞机飞行状态即产生变化。如果外力消除后,驾驶员不操纵飞机,飞机本身的构造能产生一个力矩,使它恢复到原来的平衡飞行状态,则这架飞机是纵向稳定的,这种恢复平衡状态的能力称为飞机的静稳定性。飞机不能靠自身的结构恢复原来的状态,则具有纵向不稳定性。飞机既不恢复,也不远离,总是上下摇摆,就具有动稳定性。

影响飞机纵向稳定的因素很多,差不多飞机上每一个大部件(如机身、机翼等)都对纵向稳定产生一定的影响。但影响最大、起决定作用的因素是水平尾翼和飞机重心位置。

飞机重心的位置对飞机的纵向稳定性具有影响。若飞机重心后移,会导致稳定力矩(如图4-8所示,机翼和水平尾翼的迎角增大产生附加升力而形成的相对于飞机重心的力矩)减小,使其纵向稳定性变差,严重时甚至会失去纵向稳定性。为了保证飞机具有足够的纵向稳定性,重心向后移动不允许超过极限位置,此极限位置称为重心后极限。若飞机重心前移,则稳定力矩增大,纵向稳定性增强。但是稳定性过强会使操纵性变差,为了保证飞机具有一定的操纵性,飞机的重心位置不能无限前移,允许重心移动的最前极限位置称为重心前极限。

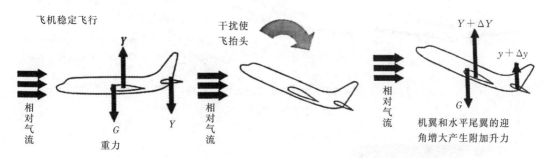

图4-8 飞机的纵向稳定性示意图

综上所述,重心位置的变化与飞机纵向稳定性强弱有直接关系。因此,对载重平衡人员来讲,必须认真负责地做好重心位置的计算和载重平衡表的填制,以保证飞机具有纵向稳定性。

（三）飞机方向稳定性

飞机绕立轴的稳定运动叫方向稳定，又叫航向稳定。飞机方向稳定表现为偏航角的变化。偏航角是飞机纵轴同飞行方向之间所夹的角度。飞机的方向稳定性示意图，如图4-9所示。

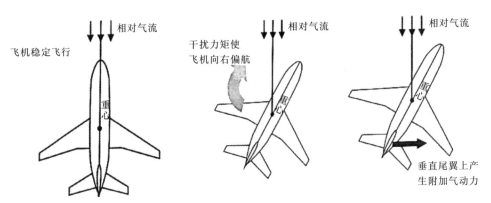

图4-9　飞机的方向稳定性示意图

（四）飞机侧向稳定性

飞机绕纵轴的稳定运动叫侧向稳定性。假定飞机在稳定状态下飞行，如果有一个小的外力干扰，使机翼一边高一边低，绕纵轴发生倾斜。当外力消失后，不需要驾驶员的操纵，飞机靠本身的构造产生了一个恢复力矩，自动恢复到原来的飞行状态，这架飞机就是侧向稳定的，否则就是侧向不稳定的。飞机的重心对侧向稳定性也有一定的影响，一些大型宽体机要求修正飞机的侧向重心，如B747客货混装机、全货机、MD-11货机等。

保证飞机侧向稳定的因素主要有机翼的上反角和后掠角。飞机的侧向稳定性示意图，如图4-10所示。

图4-10　飞机的侧向稳定性示意图

注：大翼指飞机的机翼。

五、飞机的操纵性 ✈

飞机的操纵性是飞机跟随驾驶员操纵驾驶杆、脚蹬动作而改变其飞行状态的特征。飞机必须具有可操纵性，并能改变原来的平衡状态，以实现起飞、降落、转弯等飞行状态的变化。飞机实现飞行要保证在三根轴方向上的运动是可操纵的。实际上，飞机是通过升降

舵、方向舵和副翼对绕三根轴的运动进行操纵。操纵飞机的方向舵,使飞机改变其迎角的能力称为飞机的俯仰操纵性。飞机的方向操纵性,就是在驾驶员操纵方向舵方向之后,飞机绕立轴偏转而改变飞行状态参数的特性。飞机的横向操纵性,就是在驾驶员操纵副翼后,飞机绕纵轴滚转而改变其滚转角的特性。

俯仰操纵或纵向操纵是通过升降舵进行的。驾驶员前推驾驶杆,升降舵向下偏转,水平尾翼迎角加大,升力增大,飞机尾部上升,产生一个低头力矩使飞机低头。驾驶员后拉驾驶杆,升降舵向上偏转,水平尾翼迎角减小,升力减小,飞机尾部向下,产生抬头力矩,飞机就向上飞行。驾驶杆拉或推的角度越大,升降舵偏转的角度就越大,产生的俯仰力矩就越大。

飞机重心位置的前后移动会影响飞机的纵向操纵性能。飞机重心前移,升力所形成的附加下俯力矩增大,使飞机有低头(下俯)的趋势,为平衡此力矩,驾驶员要后拉驾驶杆,使升降舵向上偏转,以产生一个上仰操纵力矩;飞机重心后移,升力所形成的下俯力矩减小,飞机有抬头(上仰)趋势,为平衡此力矩,驾驶员要前推驾驶杆,使升降舵向下偏转,以产生一个下俯操纵力矩。因此,重心前移,增大同样迎角,所需要的升降舵上偏角增大,重心前移越多,上偏角越大。但升降舵上偏角是有一定限定的,重心前移过多,就可能出现即使驾驶杆拉到底,飞机也不能增加到所需要的迎角的情况。因此,重心位置应有个前限,称为重心前极限。飞机重心位置靠前,迎角变化时稳定力矩大,使飞机不容易改变迎角,即重心靠前的飞机对俯仰操纵的反应比较迟钝。飞机重心位置靠后,迎角变化时稳定力矩较小,使飞机容易改变迎角,即重心靠后的飞机对俯仰操纵的反应比较灵敏。由此可见,俯仰稳定性强的飞机,俯仰操纵时比较迟钝;俯仰稳定性弱的飞机,俯仰操纵时比较灵敏。

方向操纵由改变方向舵的偏转角度实现。当飞机直线飞行时方向舵在中立位置,和机身纵轴重合,如果要向右转弯,驾驶员踩右脚蹬,方向舵向右转,相对风吹向方向舵,就使方向舵产生一个向左的力,对重心形成右转的力矩,飞机绕立轴向右转。如果要使飞机左转则要踩左脚蹬,方向舵产生左转力矩。

横侧操纵是指飞机绕纵轴的横向滚转。它是由操纵副翼实现的。左右两翼外端后缘各有一块(或两块)副翼,它们的运动被设计成相反的,即左侧副翼上偏时,右侧副翼一定下偏。如果要使飞机向左侧倾斜,驾驶员向左转动驾驶盘,这时左侧副翼上偏,右侧副翼下偏。下偏一侧机翼的迎角增大,升力增大,从而使右侧机翼的升力增大,左侧机翼的升力减小,形成向左侧滚转的力矩,飞机向左侧滚转。当驾驶员向右转动驾驶盘时,飞机则向右滚转。

一架飞机在稳定飞行时,倘若驾驶员用不大的力施加在驾驶盘或脚蹬上,改变一个操纵舵面的偏转角度,飞机很快就会做出反应,改变飞行状态,那么这架飞机的操纵性能就是好的;倘若反应很慢,则就是操纵不灵敏。操纵性好的飞机,稳定性必然下降。因此,飞机的操纵性和稳定性要达到合理的平衡。

为保证飞机有良好的操纵反应,使飞机的操纵性和稳定性达到合理的平衡,要求稳定性不要过强或过弱,必须限制重心的前限或后限。配载平衡后的飞机,重心在前后极限的范围内是安全的。

任务实施

学生要理解飞机载重平衡的底层逻辑,夯实理论功底,通过资料查找、学习和分析,根据重心的重要性,乘机中的常识,飞机的平衡、操纵性和稳定性的关系,完成对飞机平衡的认识,以敢于迎接挑战、勇于攻坚克难的勇气,培养敏而好学和终身学习的习惯。任务具体包括以下内容。

一、分析飞机受力情况,找出飞机的重心

学生要通过查找资料,分析飞机在空中飞行时的受力情况,并找出飞机的重心。

飞机各部分所受重力之合力的作用点就是重心,重心在理论上是可以让飞机平衡的一个点,假如可以用一根手指撑住飞机,重心就是可以让飞机完全平衡的位置。重心对飞机性能、载重平衡、飞机结构和操纵性有显著影响。因此,准确找出飞机的重心非常重要。

二、明确旅客更换座位可能导致飞机失衡的原因

学生要通过基础知识的学习和查找现有的资料,明确旅客乘机时擅自更换座位可能会导致飞机失衡的原因。

乘坐飞机时,我们经常会听到乘务员发出的"请按照登机牌上的座位号入座""飞机起飞后不要随意走动"等提示。当乘客遇到特殊情况需要调换位置时,乘务员会提醒乘客不能擅自随意调换座位,会影响飞机的飞行。坐飞机时,乘务员为什么会这样提示或提醒乘客呢?在飞机上随意换座,真的会影响飞机的平衡吗?

其实,擅自换座位对飞行参数影响较大和较直接的就是重心,由于飞机在空中运行过程中没有任何的着力点,所以平衡重心是飞行安全的重要因素,会影响飞机的操纵性、稳定性、飞行品质等。因此,国家对于飞机重心位置是有严格规定的,如果重心在飞行途中移动的话,飞机的操纵就会变得不稳定,甚至无法飞行。下面我们举例说明。

以国内常见的波音737-800为例,最大起飞重量约76吨,过道长度大约30米,典型单级客舱布局为189座。假设两名乘务员(60 kg+60 kg)推着小推车(20 kg)满载食品饮料(40 kg)从机头走到机尾,这样对全机重心的影响量约为后移2%MAC。正常飞行时全机重心一般保持在前后极限的中位附近,那么,前后极限各有10%MAC的安全余量,重心在允许范围内的变化对飞机姿态、操纵性和稳定性的影响,会由驾驶员或自动驾驶仪通过调整升降舵等方法来消除。

中国民航局规定,一名乘客按平均75 kg计算,所以飞机在飞行中乘客是可以放心上厕所的。在乘务员许可的情况下,少量、小范围地更换座位也是可以的。但是,多数人、大范围更换座位必须在机组人员的同意下进行。如果几十号人从前机身跑到后机身,飞机的平衡重心就从安全区域转移到了禁止区域,飞行安全就会受到威胁。

英国的《每日电讯报》曾报道,一对英国夫妇,两人体重之和超过了241 kg,当两人一次乘飞机出行时,选择了坐在一起,结果由于过重,飞机配载失衡,导致飞机无法起飞,最后不

得不分开就座。在国内,关于乘客机上吵架引发混乱导致的飞机失衡的例子也时有发生。

航班在起飞前,载重平衡员根据旅客的人数和所装货物的重量,计算出飞机的平衡参数,将旅客合理安排在飞机的"某一座位上",这"某一座位"就是旅客在机场值机柜台办理登机手续时领取的登机牌上所指定的座位号,而飞行人员则根据相关平衡参数来飞行。如果大家随意换座,会破坏载重平衡员计算出的安全重心,可能导致飞机失衡,危及飞行安全。

与此同时,飞行员驾驶一架处于不平衡状态的飞机会增加疲劳,影响飞行安全和效率。飞行员对纵向不平衡的正常纠正就是通过改变配平来消除过大的控制压力。然而,过量的配平从效果上看,不仅降低了气动效率,还减少了配平所在方向上的基本控制的形成距离。

总之,不允许随意换座位其实是为旅客的安全着想。无论是上百吨的大型宽体客机,还是只有几吨的小型商务机,之所以能够在天上飞,除了借助飞机发动机的推力,还必须要遵守平衡的原理,这也是飞机与其他交通工具的不同之处。而保持飞机平衡运行需要通过载重平衡工作实现。因此,载重平衡工作也是航空运输生产的重要环节之一。

所以,提醒大家乘坐飞机时,如非必要,不要更换座位,在更换座位时一定要和乘务员提前沟通,在发生特殊情况时也不要惊慌,为确保飞机重心平稳,一定要听从机组的安排,不要随意走动。

三、通过科学计算和合理安排,让飞机重心在理想的范围内

配载员在配载时,可以通过科学计算、合理安排客、货、行、邮以控制飞机的俯仰平衡,让飞机的重心在理想的范围内。

影响飞机俯仰平衡的因素主要有旅客的座位安排方式、货物的装载位置及滚动情况、机上人员的走动、燃料的消耗、不稳定气流、起落架或副翼的伸展和收缩等。因此,航空公司配载人员在安排旅客的座位时,除去按照舱位等级来安排之外,在对重心影响较小的飞机座位区域应尽量多安排旅客,并且在飞机起降时请旅客不要在客舱内随意走动,以免影响飞机的俯仰平衡和旅客的安全;在安排货物时,对重心影响程度小的货舱应尽量多安排货物,并且要用网、绳将散装货物固定牢靠,防止货物在货舱内滚动,影响飞机俯仰平衡及造成货物损坏。

四、分析并总结飞机的重心、稳定性和操纵性之间的关系

学生要通过学习,分析并总结飞机的重心、稳定性和操纵性之间的关系。

飞机能否自动保持平衡状态是稳定性问题,如何改变其原有的平衡状态是操纵性问题。飞机重心的位置显著影响了飞机的俯仰操纵特性以及飞机的纵向稳定性。只要飞机重心保持在飞机允许的安全范围内,飞机就具有足够的纵向稳定性和俯仰控制性。一般趋势是飞机的重心靠前,飞机稳定性强,操纵性差;飞机的重心靠后,飞机的稳定性差,操纵性强。具体分析如下。

1.飞机的重心与其稳定性的关系

焦点是指当飞机的迎角发生变化时,飞机气动力增量的作用点。焦点的位置是决定飞机稳定性的重要参数。飞机的重心位于飞机的焦点之前时,飞机具备纵向稳定性。如果飞机的重心太靠后,会使得飞机纵向不稳定,很难从失速中恢复,在进入旋转时将改出困难或者难以改出;如果飞机的重心太靠前,则飞机的气动载荷将增加,相当于飞机增加了额外重量,飞机将会以较大的迎角和阻力飞行。

2.飞机的重心与其操纵性的关系

重心能够直接影响飞机的机动特性。如果飞机起飞时的重量较大,飞机的重心不能过于靠后以保证飞机的前轮能扎实接地,确保飞机能正常转弯。在这一考虑的基础上兼顾飞机的升降舵对飞机的控制以及升降舵的使用效率,定义了重心的前后极限。重心前极限指为保证飞机具有足够的操纵性而要求飞机重心不超过某一重心位置,由操纵性和舵效决定。重心后极限指为保证飞机具有足够的稳定性而要求飞机重心不超过某一重心位置,由焦点和飞行品质决定。

3.飞机的稳定性与操纵性的关系

飞机的稳定性和操作性是相互制约的,稳定性太大,飞机保持原飞行姿态的能力太强,飞机对操纵的反应就很迟钝;稳定性太小,飞机的飞行姿态很容易改变,很难精准地操纵飞机,飞机的操纵性过于灵敏。由此可见,重心位置靠前时,稳定性好,操作性差;重心位置靠后时,操纵性好,稳定性差。因此,飞机重心位置有安全的范围,这是因为,如果飞机的重心太靠后,其稳定性会变差;同时飞机的重心也不能太靠前,否则操纵性会变差。

■ **职业理想课堂(工匠故事)**

> **不要差不多,盯住最完美,用心托起飞机平衡的"翅膀"**

(一)敏而好学,快速成长为多面手

2017年3月,杨锦妮加入机场大家庭,成为运输服务部的一名员工。初到值机科,她便全身心投入到岗位业务学习中。每逢航班间隙,她都放弃休息,抓住碎片时间复习岗位上所学知识,梳理疑点、难点,虚心向资深的老员工请教。"今日事,今日毕。不要差不多,盯住最完美。"这是入职之初的杨锦妮给自己定下的目标,工作从来不过夜,并且每过一段时间就及时"回头看"。正是这种学习精神,短短八个月,杨锦妮就熟练掌握了值机岗、服务岗的各项业务知识,并具备了代教资格。

2018年元旦,因工作需要,配载调度科需要增补新员工,在部门组织的业务考核中,杨锦妮以优异的成绩脱颖而出。她没有因此沾沾自喜,而是加强学习、认真跟班。她深知,安全无小事,作为一名配载员,每一个工作细节都关乎整个航班所有旅客、机组人员的安危。看似不起眼的一张舱单,就犹如一名裁缝为每个航班裁剪出的合身的"衣服",使承载在飞机上的旅客、货物、邮件、行李等得到合理安排,最大程度利用飞机空间的同时,确保飞行的安全。为了尽快适应新岗位工作,安全、高效地履行好配载员的工作职责,杨锦妮认真绘制手工平衡图,对每一个数据"锱铢必较";反复操练虚拟航班,对每一个指令举一反三;眼观六路、耳闻八方,间隙"偷师"。功夫不负有心人,短短四个月,杨锦妮再次以高分通过考核、独立上岗。

（二）熟能生巧,特殊时刻显身手

转岗成为一名配载员后,杨锦妮对工作更加投入,用心对待每一处细节,在平凡的岗位上诠释精益求精的工匠精神。"和她搭班心里很踏实",同事们谈起杨锦妮纷纷竖起大拇指,"她不仅业务过硬,而且主动担当,热心帮助同事解决工作中各种棘手的问题。"也因此,注重积累的她在工作中练就了敏锐的判断力和快速的反应力。

某次航班大面积延误,某航司航班行李托运数据较以往出入较大。根据工作经验,杨锦妮预判该航班可能会超载。作为科室带班,她提前联系航空公司驻场商务了解情况,联系航空公司签派员协调是否能够调整一部分载量出来,避免出现因为行李过多载量不足而减载旅客的情况。果然,航班截载时,若按之前的数据,需要减载三名旅客。由于杨锦妮把工作做在前面,避免了旅客减载,同时所有货、邮、行一件不落地装上飞机,在确保安全的前提下,成功做到了"宁加勿拉"的工作要求。

（三）技优则专,班组建设有巧手

作为一名基层班组长,杨锦妮十分重视将班组建设和技能建设相结合,将求精务实的工匠精神传导给每一位班组成员。杨锦妮经常利用休息时间收集整理各种配载不安全案例,组织组员进行交流研讨,梳理排查风险隐患,共同破解难题。在她以身作则的带动下,班组内形成了积极向上、互帮互助、比学赶超的良好学习氛围。配载"澄泓创新工作室"成立后,杨锦妮班组积极参与,以提升配载安全服务质量为目标,围绕航班保障过程中的关键点和遇到的难点,制作了《各航司差异化》《各航司机型数据》《危险源数据库》《案例分析》《特情预案》《速查手册》等工作手册,并结合实际实时更新,确保数据的准确性,有效提升了配载工作的效率和质量。

宝剑锋从磨砺出,梅花香自苦寒来。2021年,杨锦妮斩获泉州市民用航空职工技能竞赛"民航平衡配载操作"项目第一名,并获得"泉州市五一巾帼标兵"荣誉称号。因为业务能力强,表达能力突出,2020年,杨锦妮经过培训被聘任为机场内部培训教员。班组成员们在她的带领下也踊跃参加各项活动,在演讲比赛、岗位练兵、朗读比赛等活动中均取得不俗成绩。

匠心之韵,不止于对日复一日工作的精雕细琢,更在于对责任的坚守,对毅力的考验。在泉州晋江国际机场,像杨锦妮一样甘居幕后,用心托起飞机平衡"翅膀"的配载员们还有很多,他们立足本职岗位,干事成事、臻于至善,以过硬的业务素质和专注的工匠精神坚定守护着每一个航班的安全运行。

飞机平衡控制 项目四

 **任务练习**

任务书

一、任务描述

2002年5月,中国北方航空公司的一架客机在大连海域失事,事故共造成机上103名乘客、9名机组人员全部遇难。这一空难事故被称为大连5·7空难。大连5·7空难的起因是一名旅客在后舱纵火,而后后舱旅客在惊吓中跑向前舱,旅客大范围涌向前舱导致飞机失去平衡,机头重量增加,机长很难再拉升飞机,致使飞机坠落。

二、任务要求

1.请分析在上述案件中,后舱旅客跑向前舱对飞机重心造成了什么影响。

2.结合任务,谈一谈你对飞机平衡的认识。

3.运用所学知识解释为什么我们在值机时,有些座位不能选。

4.请思考大连5·7空难给我们未来的配载工作带来哪些启示。

三、任务分工

班级		组号		授课教师	
组长		学号			

组内成员

姓名	学号	问题1	问题2	问题3	问题4

四、任务实施

 **评价反馈**

小组代表陈述后,由各位同学和老师进行打分评价,并由老师进行最终点评,评价反馈表,如表4-2所示。

表4-2 任务结果评价反馈表

组号	评价内容			
评价人	问题1	问题2	问题3	问题4

任务二　计算飞机重心位置

 **任务目标**

【知识目标】

(1)了解飞机重心位置的计算方法。

(2)明确飞机重心的重要性。

【能力目标】

能判断飞机重心位置是否合理,如果不合理,会正确调整。

【素质目标】

通过实际工作案例,学生要做到做事一丝不苟、严谨负责,并要立足岗位,树立安全意识。

任务背景

2020年7月,途易航空一架波音737-800(见图4-11),从英国伯明翰国际机场(Birmingham International Airport)到西班牙马略卡岛帕尔马机场(Palma de Mallorca Airport),机上共有187名乘客和6名机组人员。该航空公司的儿童标准体重为35 kg,成人女性标准体重为69 kg。因计算机系统错误,该航班误将38位成人女性体重按照儿童的体重标准计算,导致航班将旅客体重隐载近1.3吨(航班计划重量和乘客人数见图4-12;计算机算出的飞机舱单重量及乘客人数见图4-13),直接导致此架波音737客机在起飞时出现机头过重的险情,因机组处置得当才没有使得飞行安全受到影响。

图4-11　途易航空飞机

```
PLD  : PAX 072/086/029 CGO 0KG


              EST     MAX   ACTUAL
   DOW 042650  ------  .....
   PLD 015918  ------  .....
   ZFW 058568  061688  .....
   TOF 007927  020895  .....
   TOW 066495  078999  .....
   TF  005281  ------  .....
   LDW 061214  065317  .....
   REM 002646  ------  .....

                Figure 1
       Flight plan weights and passengers
```

图4-12　航班计划重量和乘客人数

```
PASSENGER/CABIN BAG    11328  70/ 47/ 65/  5/ TTL 187
                               PAX Y  182

TOTAL TRAFFIC LOAD     14066
DRY OPERATING WEIGHT   42650
ZERO FUEL WEIGHT ACTUAL  56716 MAX  61688  L  ADJ
TAKE OFF FUEL           8173
TAKE OFF WEIGHT ACTUAL 64889 MAX  78999     ADJ
TRIP FUEL              5400
LANDING WEIGHT ACTUAL  59489 MAX  65317     ADJ

                Figure 2
       Load sheet weights and passengers
```

图4-13　计算机算出的飞机舱单重量及乘客人数

任务要求

根据上面的信息,请完成以下任务。

(1)了解飞机重心位置到底有多重要。

(2)了解常用的计算飞机重心位置的方法,并能在实际工作中正确运用。

(3)会判断飞机重心位置是否合理,如果重心位置不合理,能将飞机重心调整到合理范围内,以保障安全飞行。

知识链接

航班的载重平衡计算包括航空器重心位置的测算。航空器的重心位置要处于一定范围之内。这是因为航空器从性能上要具有一定的稳定性和操纵性。稳定性是指航空器受外界干扰,平衡遭到破坏后,无须飞行员操纵,便能自动恢复平衡的特性;操纵性是指航空器飞行状态受操纵装置改变的特性。航空器的重心位置靠前时,稳定性好;重心位置靠后时,操纵性好。从航空器使用角度来看,航空器应具有适当的稳定性和适当的操纵性。因此,要求航空器的重心位置处于一定的安全范围之内,既不能超过规定的前极限,也不能超过规定的后极限,如图4-14所示。其中,"m.a.c"指平均空气动力弦,"lemac"指重心投影点与平均空气动力弦的前缘之间的距离。

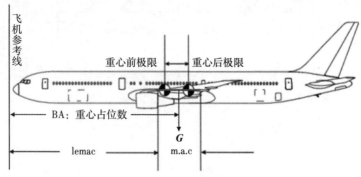

图4-14 飞机重心限制示意图

测算重心位置,常用的方法有代数计算法、站位法、指数计算法、平衡图表法、计算机配载平衡。其中,代数法是各种计算方法的基础。

一、代数计算法

(一)定义

以重心到基准点的距离作为未知数X,逐项计算力矩,最后计算重心位置的方法,叫代数计算法。

(二)原理公式

从俯仰平衡的角度来看,飞机的重心是使下俯力矩和上仰力矩在数量上相等的一点,即上仰力矩之和等于下俯力矩之和,见式(4-2)。

$$重心到基准点的距离 = \frac{总力矩}{总重量} \tag{4-2}$$

(三)计算方法

根据定义和原理可知,重心的位置是用重心到基准点的距离来表示的,其确定的步骤为:首先,设定基准点;其次,计算总力矩和总重量;最后,根据公式得出重心到基准点的距离。

例1:AB长9 m,A点重量1 kg,B点重量2 kg,求重心位置。

解:方法1

设基准点在A右方2m处,则:
$$A点力矩 = (-2) \times 1 = -2 (kg \cdot m)$$
B点力矩 = $7 \times 2 = 14 (kg \cdot m)$,所以:
$$重心位置 = (-2 + 14) \div (1 + 2) = 4(m)$$
即重心位置在基准点右4 m处,A点右面6 m处,如图4-15所示。

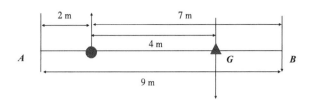

图 4-15　基准点在 A 右方 2 米处示意图

解：方法 2

设基准点在 B 右边 1 m 处，则：

$$A 点力矩 = (-10) \times 1 = -10（kg·m）$$

B 点力矩 $= (-1) \times 2 = -2（kg·m）$，所以：

$$重心位置 = (-10-2) \div (1+2) = -4（m）$$

即重心位置在基准点左 4 m 处，重心位置仍在 A 点右面 6 m 处，如图 4-16 所示。

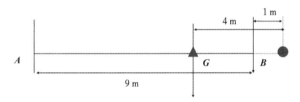

图 4-16　基准点在 B 右方 1 米处示意图

由此可见，重心位置不受基准点变化的影响。（注意：以上计算中的力臂有方向，力矩数为矢量值）

（四）计算飞机重心位置的方法

一是，根据计算的方便程度，随意在飞机的机身纵轴线上假设一个基准点。

确定计算原则，飞机抬头力矩为正，低头力矩为负。

在基准点的前面增加重量：（一）力矩。

在基准点的后面增加重量：（＋）力矩。

在基准点的前面减小重量：（＋）力矩。

在基准点的后面减小重量：（一）力矩。

二是，根据飞机上装载的人、货、邮、行重心距离基准点的力臂长度，逐项算出装载力矩数。

三是，以空机力矩数为基础（每架飞机的空机重量和空机重心位置飞机制造厂已提供，即可求出飞机的空机力矩），加上装载力矩数，得出飞机装载后的总力矩。

四是，总力矩除以总重量，得飞机装载后的重心距离基准点的长度，即重心位置的所在。

五是，根据平均空气动力弦换算出％MAC 值。

代数计算法是计算飞机重心位置的基本方法。由上述例子可以看出，重心位置与基准点的变化无关。然而,由于基准点是不确定的,因此表示重心位置的数字也是不同的。虽然最终值的％MAC是一致的,但是在实际操作中会存在诸多不便。

二、站位法

站位是用以表示机身上位置的一种单位,站位基准点为0站位。采用英制的国家使用"英寸"表示站位数,采用公制的国家则使用"厘米"表示站位数。用站位法计算飞机的重心常用的方法有两种,即站位基准点法和平均空气动力弦百分比。

(一)站位基准点法

站位基准点法是应用代数法的计算方式,设定"零站位"点为基准点,逐项计算力矩,最后计算重心位置。与代数计算法相比,站位法固定其基准点为"零站位"点。因此,站位法计算出重心位置的数据是唯一的,以站位数表示的重心位置主要用在机务维修中。

(二)平均空气动力弦百分比

用站位基准点法计算出的重心站位可以换算成％MAC值,这种表示方法是商务配平中较常用的重心表示法。以图4-17为例,具体计算如下。

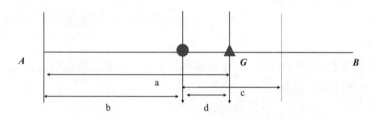

图4-17 平均空气动力弦百分比示意图

$$\%\mathrm{MAC} = \frac{d}{c} \times 100\% = \frac{a-b}{c} \times 100\% \tag{4-3}$$

其中:a表示重心站位数;b表示平均空气动力弦前缘的站位数;c表示平均空气动力弦长度;d表示重心到平均空气动力弦前缘的距离。

三、指数计算法

(一)以力矩数为基础的指数

1.定义
以力矩数作为基数,按照一定的规定换成指数,这种方法叫以力矩数为基础的指数。

2.方法
确定两类力矩数:固定力矩数和变动力矩数。其中,固定力矩数指空机力矩、基本重量力矩数;变动力矩数是由于燃油、旅客、货物的重量数是变动的,其力矩数也是变动的。由于客座的位置、货舱的位置、油箱的位置是固定的。因此,可预先计算出每个固定位置的单位载量力矩数。具体的计算步骤如下。

一是,求单位装载量的力矩数。比如,将第一排载一位旅客的力矩数作为基数,再乘以缩小系数,即为单位装载量的指数。

二是,把所有的指数相加,包括固定力矩数、变动力矩数,得出总力矩指数。

三是,查表得出无油重量的重心、落地重量的重心和起飞重量的重心。

计算表是指根据计算的总力矩、总重量、重心位置的关系画成的表格。计算表的设计目的是通过已知的总力矩指数,求飞机重心的平均空气动力弦百分比。

例2:已知A300-600R的基本重量指数算法为

$$BOI = \frac{(H\text{-arm} - 30) \times DOW}{2000} + 40$$

其中:BOI为基本重量指数;H-arm为以米为单位的力臂数;30为平衡基准点站位;DOW为修正后的基本重量值;2000为缩小系数;40为常数。

求解A300-600R的重心位置。

解:指数的计算过程如下。

第一步,H-arm—30,把载量的站位力臂换算成以平衡基准点为准的力臂长度。

第二步,(H-arm—30)·DOW,力臂乘以重量,得出基本重量的力矩数。

第三步,缩小系数得出指数。

第四步,加常数使之为正,以便计算,得出基本重量指数。这就是我们填表时已知的飞机基本重量指数。

第五步,除加常数40外,按照以上计算步骤,预先算出单位载量指数。

配载平衡时的计算过程如下。

第一步,根据单位载量指数算出实际业载的指数。

第二步,把所有的指数相加(包括基本重量指数),得出总指数,即无油重量总力矩指数。

第三步,通过无油重量总力矩指数和无油重量,查表可求得无油重心位置。加上油量指数,又可查得起飞重量指数。

指数计算法的特点:以力矩数为基础的指数,是在平衡基准点法的基础上,把数字缩小,把大量的计算过程以计算表的形式代替,一步完成多步计算过程,方便快捷。绝大多数的波音飞机与空客飞机都采用这种方法计算重心位置。

（二）以平均空气动力弦百分比为基础指数

从计算飞机重心位置的公式和计算以％MAC来表示飞机重心位置的公式中可以看出,在总重量不变的条件下,总力矩和％MAC之间有一定的关系,力矩数越大,％MAC也越大。

原理方法如下。

一是,用％MAC作为指数,即把空机重心％MAC作为空机指数。

二是,算出各种装载项目的单位载量对空机重心％MAC的影响数值(即在空机上装了这个单位装载量以后,使空机％MAC重心位置移动多少,通常用Δx％MAC表示),称为单位装载量指数。

三是,使用这两种指数,算出飞机装载后的总指数。

四是,根据总指数和装载量,从表中(预先计算和绘制成的)求出相应的起飞全重重心位置%MAC。

这种计算方法的原理比较抽象,基本指数的修正过程复杂,目前只有少数机型采用,如伊尔系列、图系列等。

四、平衡图表法

平衡图表法是指数计算法的图表化。它保留指数计算法中重要的重心位置计算表,以基本重量的指数为基准。折线型的平衡图则利用每个指数的左右移动加总指数;指数型的平衡图更准确地列出各固定载量位置的不同装载指数,计算加总。平衡图表法的原理与指数法完全相同,具体见项目六。

五、计算机配载平衡

计算机配载平衡仍以代数计算法的计算原理为依据,它所有的计算过程均由计算机程序代替。在输入飞机数据(如飞机空机重量、空机重量指数、油量、载量等)后,计算机自动计算重心位置。其优势在于更准确快捷,重心调整更方便,而且可考虑到更多影响细节,这是手工计算无法做到的。

任务实施

学生要理解飞机重心位置对飞机平衡的重要性,通过资料查找、学习、分析和总结,认识飞机的重心位置的重要性,知道常用的计算飞机重心位置的计算方法并能判断飞机重心位置的合理性,树立安全意识,在学习和工作中培养认真、严谨、负责的作风。具体任务如下。

一是,学生要认识到飞机重心位置对飞行安全的重要性。通过查找资料,明确安全飞行的前提是飞机的重心位置在安全包线内。在飞机飞行过程中,燃油的消耗、乘务员的走动、旅客走动、货物变化,以及起落架和襟翼的收放都会影响飞机重心位置。因此,飞机重心位置不是固定不变的,而是变动的,但是重心位置变动要在限定的范围内进行。所以,配载员在配载时,要综合考虑上述因素,以保证飞行安全。

二是,了解常用的计算飞机重心位置的方法,并能在实际工作中正确运用。飞机重心位置的计算方法有五种,分别是代数计算法、站位法、指数计算法、平衡图表法和计算机配载平衡。其中,代数计算法是基础。

我们只需要明白飞机重心位置计算的原理,在理论检测中,能根据具体机型运用恰当的方法计算出飞机的重心位置即可。在实际工作中,重心位置非常重要,但是由于给配载员使用的结算时间非常短,尤其在航班较为集中的寒暑假、国庆节等期间,配载员完成一份舱单的时间也就几分钟,为保证飞机的重心在安全范围内,同时兼顾效率,配载员多使用平衡图表法和计算机配载平衡的方法展开工作。

三是,会判断飞机重心位置是否合理,如果重心位置不合理,能将飞机重心调整到合理

飞机平衡控制 项目四

范围内,以保障安全飞行。每个机型的安全的重心范围在出厂时已经给定,配载员可以根据手册查找相关数据,以判断飞机重心位置是否合理。如果飞机重心不符合要求,通常采用倒舱位、加减货物、调换旅客座位,以及加压舱物或者压舱油等方法,将飞机的重心调整到合理的范围内。

■ 职业理想课堂(红线思维抓安全,防患未然是关键)

货物位置到底有多重要?

(一)案例内容

1997年8月,法恩航空备份机组成员史蒂夫接到电话,被要求执行今天的飞行任务。另一机组因飞机故障造成延误,备份机组只好顶了上去。史蒂夫不知道这是他最后一次飞行。

那是一架货机,在迈阿密机场装载了39.5吨的牛仔布,计划飞往多米尼加共和国,大概需要飞行两个多小时。史蒂夫是副驾驶,他和其他三位飞行员共同完成那天的任务。

中午,飞机滑向跑道。四分钟后,飞机获准从27R跑道起飞。油门杆推到最大,飞机开始加速。速度到达起飞决断速度,抬轮、离地升空。这一切都没有任何异常。

飞机起飞后,塔台管制员注意到飞机4号发动机喷出火焰,并不是发动机起火,而是发动机发生喘振。飞行员也立刻意识到了问题。飞机俯仰姿态超出正常值很多,通过推杆都无法顺利修正。飞行员被迫使用配平拨钮调整平尾偏度。

飞机摇摆着吃力地爬升,最可怕的事情还是发生了,驾驶盘开始抖动,飞机失速了。飞行员努力控制飞机,无奈飞机刚刚起飞高度很低,很难从失速状态改出,飞机坠毁并燃起大火,随即横穿一条公路,冲进迈阿密市区。机组4人全部遇难,地面一名司机遇难。

从现场找到了飞行数据记录器(FDR)和驾驶舱语音记录器(CVR),数据很快被读取出来。CVR录音可以听到飞行员的操作非常专业,没有任何差错。

可是,调查员听到了刚起飞就有平尾配平的声音,说明飞行员用配平拨钮进行配平操作。这在起飞阶段是不应该的。飞机在起飞前,飞行员需要根据飞机重量和重心位置设定平尾偏度,即所谓的配平"绿区"。在起飞阶段就不再进行配平。难道是飞行员起飞前忘记了这个工作,在起飞时发现了,才开始配平?

调查组把CVR录音调到起飞准备阶段,听到了飞行员根据货物重量把平尾偏度设置在了正确的位置上,排除了平尾配平错误的可能。

在起飞前平尾设置正确,货物重量也在飞机上没有发生变化,那么需要重新配平的因素只有重心发生了变化。

经多方了解,调查组收到一个重要信息,即由于临时更换飞机,装货员没有根据飞机重新计算货物重量,以及漏算了货物托盘和其他一些固定物的重量,导致飞机超载2.8吨。

超载2.8吨就是飞机起飞失败的原因吗?

调查员在模拟机上进行模拟实验,在飞机超载2.8吨的情况下仍顺利起飞了。那么,导致飞机坠毁的原因到底是什么呢?

经过再三询问,装货员终于承认,由于几个托盘按事先计算的位置无法摆放,他们自行调整了货物的位置。在原本需要空着的地方摆放了货物,相当于货物向后移动了一段距离。

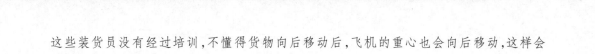

这些装货员没有经过培训,不懂得货物向后移动后,飞机的重心也会向后移动,这样会严重影响飞机的操作性和稳定性。

调查员基本确定是因为飞机重心后移造成了事故。同样的条件下,模拟机实验复现了事故。

（二）案例总结

习近平总书记曾强调,安全是民航业的生命线,任何时候、任何环节都不能麻痹大意。因此,飞机要安全运行,一定要确保在任何时候,重量和重心都不超限,否则有可能会危及安全,造成机尾擦地、飞机侧翻、起飞距离延长甚至机毁人亡等事故。配载员作为飞机重量和重心的设计者,更要时刻将"敬畏生命、敬畏规章、敬畏职责"的民航精神牢记于心,为每一趟航班的安全起降保驾护航。

 **任务练习**

任务书

一、任务描述

合理配载,确保飞机重心"最优化"

某航司的配载员小张,从事配载工作已经八年有余。他深知,通过精心合理地调配,控制飞机重心处于适当范围内,既方便于飞行员操控,又能给予乘客最好的舒适感。他通过对影响飞机重心变化的因素进行分析,获得了通过配载手段有效控制飞机重心的心得。

飞行安全是由多重因素构成的,除了天气、飞机可靠性、飞机驾驶人员的技术、空中管制、签派运行管理等条件,飞机严格按规定的载量运输并保持重心的基本稳定也是十分重要的。配载工作的任务就是,一方面在保证安全的前提下,科学有效地控制好飞机的载量,确保飞机载量的"最优化",避免"空载"带来的浪费,提高民航运输企业的运营效益;另一方面,通过合理地分配旅客座位、货物舱位来有效控制飞机的重心位置,使飞机的重心处于适当的范围内,并制作成载重平衡图。这样既便于飞行员操控飞机,又利于飞机在飞行中保持基本的平衡状态;既保证飞机的飞行安全,又节约运行成本。

飞机的重心位置越靠前,飞机的稳定性就越好,但操纵驾驶杆改变飞机原有的平衡状态就越困难;飞机的重心位置越靠后,稳定性就越差,但飞机的操纵性就越好。两者各有其重要的作用,因为飞机必须具有一定的稳定性和操作性,但两者对飞机重心的要求正好相反,这就决定了飞机重心位置必须处于一个适当的范围内。这也是载重平衡表上重心范围为什么要设置前极限和后极限的原因。前极限和后极限的设置规定了飞机重心位置只能在这个范围内变化不能超出。这就需要配载员在工作中要根据预报的旅客人数、货物重量进行预配,在离港系统中锁定座位,使整个航班在办理过程中值机员发放旅客座位时,座位号只能控制在预订的范围内,不能随意发放座位。货运人员要根据配载人员预配的舱位对货物进行装机。这样既保证了飞机的飞行安全,又最大限度地减少了航班空载,提高了经济效益。

由于该公司飞机型号多为B737-800系列,机型布局差异不大,下面就部分飞机简单举例,说明配载员在工作中应该如何合理调配旅客和货物,使飞机重心处于最优位置。

B5117、B5332、B5347、B5351等系列飞机最大座位数为168座,这种机型空机重心位置处于前极限和后极限较中间的位置,平衡性较好。对配载员来说,这种机型配载相对简单。当飞机满员时,配载员会在前货舱尽量多装货,以保证飞机重心处于合适位置。当旅客人数较少时,配载员会把旅客安排在对重心位置影响较小的区域(10—23排),也就是客舱中间位置,使重心处于合理位置,以保证飞行安全。

B1731等飞机,最大座位数为168座,该飞机与上述飞机不同的是客舱设有高级经济舱。因此,在旅客人数较多且都为普通经济舱旅客时,该飞机的重心会靠近后极限,配载员在预配货物时要考虑这一特殊情况,后货舱尽量减少装货,而前货舱尽量多装一些货物,以便重心位置更合理。

由此可见,配载工作并不是一成不变的。配载员要根据每个航班的实际载量进行配载,根据货物的实际装载来调整旅客的座位或是根据旅客的人数来调整货物的装载量和舱位。所以,我们常常会发现当旅客人数较少时客舱中的旅客有时会被安排在客舱前面、有时被安排在中间、有时被安排在后面。配载是一项细致烦琐的工作,每个配载员都应充分认识到飞机重心位置对飞行安全的重要性,应认真细致地做好载重平衡工作,在实践中不断学习,积累经验,做到对每种飞机的座位布局、货舱布局、性能了如指掌,这样才能在工作中应对自如,沉着处置,保证航班的安全、正点。

飞机平衡控制　项目四

二、任务要求

1.请分析为什么要限制飞机重心的位置。

2.合理配载确保飞机重心"最优",对航司有何益处?

3.本案例对你未来从事配载工作有何启发?

三、任务分工

班级		组号		授课教师	
组长		学号			

组内成员

姓名	学号	问题1	问题2	问题3

四、任务实施

✈ **评价反馈**

小组代表陈述后,由各位同学和老师进行打分评价,并由老师进行最终点评,评价反馈表,如表4-3所示。

表4-3 任务结果评价反馈表

组号	评价内容		
评价人	问题1	问题2	问题3

任务一　认识飞机货舱和舱位标识

任务目标

【知识目标】

（1）了解飞机的舱位编号。

（2）理解飞机货舱的装载限制。

【能力目标】

（1）能说出飞机舱位标识的含义。

（2）会分析飞机货舱的装载限制。

【素质目标】

通过实际工作案例，学生要做到做事一丝不苟、追求极致、立足岗位、吃苦耐劳。

任务背景

小张是某航空股份有限公司新入职的配载员，王主管是小张的师父，王主管给小张以下信息让其学习飞机货舱装载的技能，具体信息如下。

A320-200型飞机的舱位布局、货舱分布和舱门位置如图5-1、图5-2和图5-3所示。其中，A320-200型飞机的前货舱舱门尺寸为182 cm×123 cm（宽×高）；后货舱舱门尺寸为182 cm×123 cm（宽×高）。

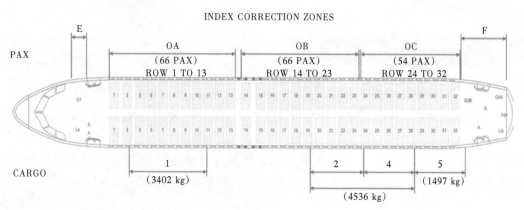

图 5-1　A320-200舱位布局示意图

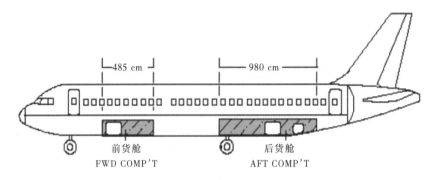

图5-2　A320-200货舱分布示意图

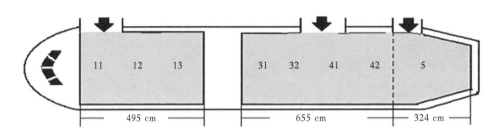

图5-3　A320-200舱门位置示意图

 **任务要求**

根据上面的信息,请完成以下任务。

(1)通过查找资料,了解飞机的舱位及舱位标识的含义。

(2)有一件货物尺寸为210 cm×60 cm×50 cm(长×宽×高),货物可以倒置或侧放,请确定该货物能否装入A320-200的货舱?

(3)有一件货物重量为150 kg,不可以倒置、侧放,包装尺寸为50 cm×40 cm×40 cm(长×宽×高),该货物是否可以直接装入A320-200飞机的下货舱? 如果不能,该如何处理方可承运?

知识链接

一、飞机的货舱布局

货舱一般位于飞机的下腹部,分为前货舱和后货舱,普通飞机下舱的前后货舱通常又可以进一步分为若干个分货舱。货物是通过前后货舱门被装入货舱的,并且通过一个货舱门可以进入几个分货舱。分货舱一般是用永久性的固体舱壁或可移动的软网隔离而成的。用可移动的软网隔开的货舱可以装载超过分货舱容积的货物,但用固定舱壁隔离的不可以。B737-800的货舱布局如图5-4所示,A320-200的货舱布局如图5-5所示。

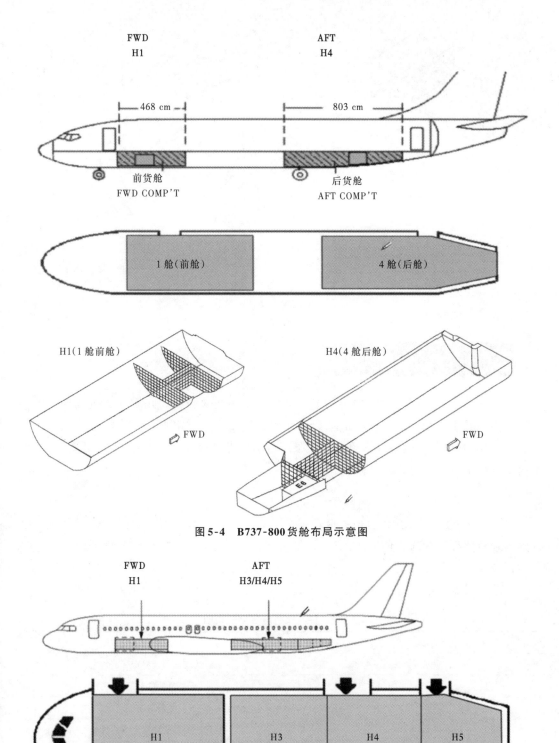

图 5-4　B737-800 货舱布局示意图

图 5-5　A320-200 货舱布局示意图

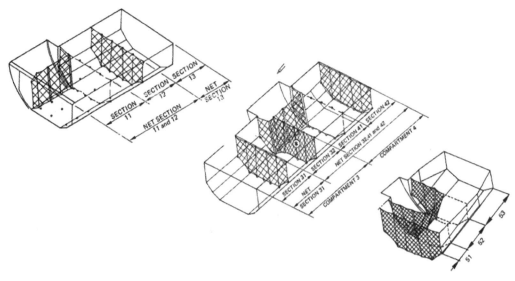

续图 5-5

二、飞机货舱的舱位标识

为了便于认知,国际航协(IATA)制定了统一的飞机舱位标识规则。飞机载重平衡工作中使用的载重平衡表、装载通知单,以及拍发的载重平衡类电报,都遵循上述标识规则。在航班操作中,规范的舱位标识可以最大限度避免信息传递和理解的偏差,降低安全风险。下面主要介绍飞机货舱的舱位标识。

(一)舱位编号

飞机上,为便于认知,各舱位或区段都分配有编号,并用黑色字体在显著位置标出,以区别集装器装载位置的彩色标注,防止装载差错。飞机各舱位或区段编号规则如下。

1.双层舱位飞机

民航飞机舱位编号说明,如表5-1所示。

表 5-1   民航飞机舱位编号说明

舱位编号	说明
1	下前货舱的前部或整个下前货舱
2	下前货舱的后部
3	下后货舱的前部
4	下后货舱的后部或整个下后货舱
5	主货舱的前部或集装飞机的散货舱
6	主货舱的后部
0	客舱

注:①有些机型4舱后面被标注为5舱,如A320。②主货舱是指宽体飞机货机的上层舱;前下货舱是指位于宽体或者窄体飞机机翼前部的下层舱;后下货舱是指位于宽体或者窄体飞机机翼后部的下层舱。

2.单层舱位飞机

从飞机的后部向前,由6至1降序对货舱进行编号;前部客舱编号为0。

(二)客舱标识

1.客舱区段的标识

客舱区段的标识从0开始,该数字表明这是客舱。后接一个字母,从"A"开始,按由前向后的顺序编号。客舱标识,如图5-6所示。

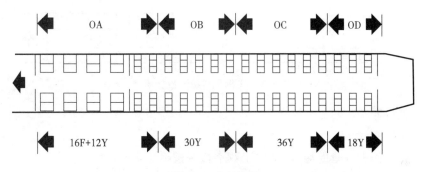

图5-6 客舱标识

2.按舱位等级标识

如果客舱区段与每个客舱等级的布局相对应,为了载重平衡,可以使用下列标识:F(头等舱客舱区段)、Y(经济舱客舱区段)。客舱舱位等级标识,如图5-7所示。

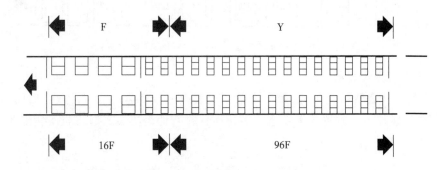

图5-7 客舱舱位等级标识

值得注意的是,主舱之外的其他客舱区段,如B747客舱顶舱,应与主舱的标识结合在一起使用。如果B747顶舱为经济舱旅客所用,对应位置的主客舱为头等舱旅客所用,那么为了载重平衡计算需要,都应标识为"0A"区。

(三)下货舱标识

1.下货舱分段的标识

第一个数字代表货舱的编号;第二个数字代表该货舱内的分段编号,按由前到后、由右到左的顺序编排。飞机下货舱分段标识,如图5-8所示。

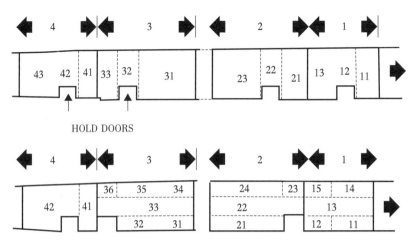

HOLD DOORS

图5-8　飞机下货舱分段标识

2.下货舱集装器位置的标识

(1)一排仅一个集装器。

第一个数字代表货舱的编号;第二个数字代表该编号货舱内前后排数。两个数字后面加"P",表示装载集装板的位置。一排仅一个集装器时飞机下货舱集装器位置标识,如图5-9所示。

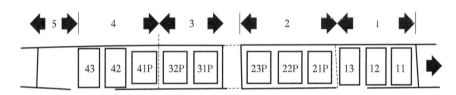

图5-9　一排仅一个集装器时飞机下货舱集装器位置标识

(2)一排有两个集装器。

第一个数字代表货舱的编号;第二个数字代表该编号货舱内前后排数。后面加"L"或"R",表示装载集装板的位置处于左边或右边。一排有两个集装器时飞机下货舱集装器位置标识,如图5-10所示。

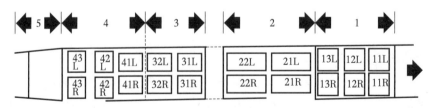

图5-10　一排有两个集装器时飞机下货舱集装器位置标识

(3)一排有三个或更多集装器。

第一个数字代表货舱的编号;第二个数字代表该编号货舱内前后排数;第三个数字代表横向位置,自右向左从"1"开始编号。一排有三个或更多集装器时飞机下货舱集装器位置标识,如图5-11所示。

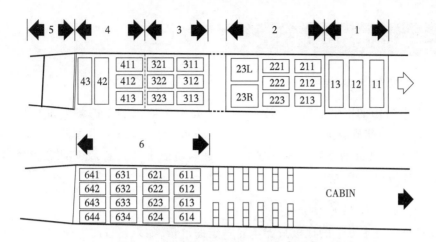

图5-11　一排有三个或更多集装器时飞机下货舱集装器位置标识

(4)纵向上一个集装器占用两个位置。

数字对应此排的前一个位置,后接一个字母(L或R)代表此排的左右位置。此排的相邻位置不可用。例如,集装设备纵向装载于11L位置,意味着12L位置不可用。纵向上一个集装器占用两个位置时飞机下货舱集装器位置标识,如图5-12所示。

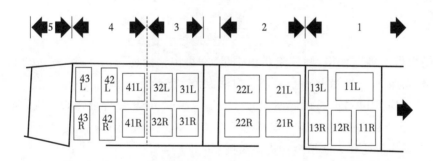

图5-12　纵向上一个集装器占用两个位置时飞机下货舱集装器位置标识

(5)一个集装器占用两个或更多位置。

前面两个数字采用被占用区域前部位置编号,后两个数字采用被占用区域后部位置编号,后跟一个"O"代表浮动装载(探出)。例如,图5-13中"1112O"代表一个集装器占用前后11P和12P两个位置。

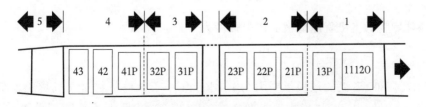

图5-13　一个集装器占用两个或更多位置时飞机下货舱集装器位置标识

三、飞机货舱的装载限制

（一）货舱的重量限制

由于飞机结构的限制，飞机制造商规定了每一货舱可装载的最大重量限额。比如B737-700型飞机，前货舱的最大重量限额为 1835 kg，后货舱最大重量限额为 3172 kg。任何情况下，货舱所装载的货物总重量都不可以超过货舱重量限额，否则飞机的结构有可能遭到破坏，飞行安全受到威胁。

（二）飞机货舱地板承受力限制

飞机货舱内每平方米的地板只能承受一定的重量，如果超过此承受力，地板和飞机结构就会遭到破坏。因此，装载货物的重量一定不能超过地板承受限额，在收运货物时要注意判断货物是否满足此项要求，以免直接装载造成飞机结构损坏。

判断和处理飞机货舱地板承受力限制，先是要根据货物重量和接地面积，判断货物对飞机货舱地板的压力是否超过限制。如果超过限制，则要计算要铺设垫板的面积。具体货物对飞机地板的压力如式（5-1）所示，垫板面积的计算公式如式（5-2）所示。

$$货物对飞机的压力强度 = \frac{货物重量}{货物接地面积} \tag{5-1}$$

$$垫板的面积 = \frac{货物重量 + 垫板重量}{飞机地板承受力} \tag{5-2}$$

如果垫板重量难以获得，则忽略垫板重量，在得出垫板面积的基础上乘以 120% 作为最后的结果，以保证安全，并将面积采用进位法保留小数点后两位。

例：一件货物重 140 kg，接触底面积为 45 cm×40 cm，计算该件货物对飞机货舱地板的压力强度，确定能否在 B737-800 货舱内承运，B737-800 飞机的地板承受力为 732 kg/m²。如果不能，需要如何处理方能承运？货物实例，如图 5-14 所示。

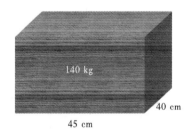

图 5-14　货物实例

解：该件货物对飞机货舱地板的压力强度为

$$\frac{140}{0.45 \times 0.4} = 777.78\,(\mathrm{kg/m^2})$$

由于 B737-800 飞机的地板承受力为 732 kg/m² 小于该件货物对飞机货舱地板的压力强度 777.78 kg/m²。因此，该货物不能直接放在 B737-800 货舱内承运。

如果要承运该货物需要加垫板，则需要的垫板面积为

$$\frac{140}{732} \times 120\% = 0.23(\text{m}^2)$$

（三）货舱的容积限制

货舱内可利用的空间有限,所以货舱存在容积限制。例如B737-700型飞机,前货舱最大容积为11 m³,后货舱最大容积为16.4 m³。每种机型的货舱容积大小都不相同,可以查找相应机型的装载尺寸表。

货运装载中,有时轻泡货已占满了货舱内的所有空间,但尚未达到重量限额。而有时高密度货物的重量已达到重量限额而货舱内仍有许多的剩余空间无法使用。所以,为了航司利益最大化,应将轻泡货和高密度货物混运。

（四）货舱的舱门限制

由于货物只能通过舱门装入货舱内,货物的尺寸必然会受到舱门的限制。为了便于确定一件货物是否可以装入货舱,飞机制造商提供了舱门尺寸表。例如B737-700型飞机,前货舱门尺寸为120 cm×88 cm(宽×高),后货舱门尺寸为120 cm×78 cm(宽×高)。

飞机装载货物的最长、最宽、最高的限制取决于所用机型货舱门的大小,以及货舱容积。当货物单件的尺寸超过规定的标准尺寸时,则可视具体机型的货舱门尺寸来判断是否可装运。一般来说,装卸时要考虑操作空间,货物的实际尺寸须小于货舱门尺寸10 cm左右。如果不能,就要事先选择较大的机型,或分批发运。在接收超大货物时,应先判断其是否能装入机舱内,而后方可收运。

（五）货舱的压力和温度

虽然由于座舱环境控制系统的存在,飞机主舱中的压力、通风和温度都是可以控制的,但飞机的下舱情况却不大一样,尤其是旧机型的下舱更是如此。

某些飞机上,下舱是不通风的,但当机身内部和外部存在一个气压差时,空气会从货舱门外漏进。因此,货舱的通风情况依赖于气压差。所以,当飞机停在机坪上且货舱门关闭时,下舱就不通风;而当飞机开始飞行,上升并达到最大巡航速度飞行时,下舱就开始通风了。

另有一些机型的下舱温度无法控制,飞行过程中温度可能降到0℃以下。此外,一些类型的飞机上有少量的暖空气透过舱壁进入下舱,提供补充气体以代替货舱门附近所泄漏的气体。而在载运动物的机型上,驾驶舱可以通过加热和制冷保持货舱温度,以适应动物的生存需要。目前大多数现代飞机上,温度和压力是通过飞机工程师来调节的。

✈ 任务实施

通过资料查找,学习飞机货舱布局、飞机货舱的舱位标识含义和飞机货舱的装载限制,以更好地服务配载工作。具体包括以下内容。

通过查找资料,认识飞机的货舱舱位及舱位标识的含义。

飞机按用途分有全客机、全货机、客货混装机及商务机。其中,全客机不仅拉人,还是拉货的主力军。在空运上,70%—80%的货量是经过客机来运输的。这也是为什么疫情暴发,客机停飞直接导致空运大爆舱,很多货物无法正常运输的原因。虽然全客机单次载货量少,但是它班次多,全世界90%的飞机都是客机。因此,认识客机的货舱布局及舱位标识,对更好地装载飞机的货舱非常重要。

有一件货物尺寸为210 cm×60 cm×50 cm,货物可以倒置或侧放,请查询能否装入A320-200的货舱。

判断货物是否能收运的标准是考虑飞机货舱的重量限制、舱门限制、容积限制,以及地板承受力、货舱内的压力和温度等。就上述货物的尺寸而言,我们主要考虑货舱舱门尺寸和容积大小,具体分析如下。

通过查找A320-200飞机装载表(见表5-2)可知,当货物宽度60 cm,高度50 cm时,允许的货物长度为186 cm,所以该货物无法放入该机型。但是如果货物允许侧放,当货物宽度为50 cm,高度为60 cm时,允许的货物长度为205 cm,这时就可以放入该机型。

表5-2 A320-200飞机装载表

高度	宽度								
	10	20	30	40	50	60	70	80	85
	4	8	12	16	20	24	28	31	33
10	282	267	244	255	205	186	165	148	141
4	111	105	96	89	81	73	65	58	56
20	282	262	243	225	205	186	165	148	141
8	111	103	96	89	81	73	65	58	56
30	282	261	243	225	205	186	165	148	141
12	111	103	96	89	81	73	65	58	56
40	282	261	243	225	205	186	165	148	141
16	111	103	96	89	81	73	65	58	56
50	279	261	243	225	205	186	165	148	141
20	110	103	96	89	81	73	65	58	56
60	279	261	243	225	205	186	165	148	141
24	110	103	96	89	81	73	65	58	56
65	279	261	243	225	205	186	165	148	141
26	110	103	96	86	81	65	65	58	56

注:表中正体数字的单位为厘米,斜体数字的单位为英寸。

一件货物重量为150 kg,不可以倒置、侧放,包装尺寸为50 cm×40 cm×40 cm(长×宽×高),是否可以直接装入A320飞机的下货舱?如果不能,该如何处理方可承运?该件货物不可以倒置,接地面积为0.2 m²。A320飞机下货舱的地板承受力为732 kg/m²。

机舱地板每平方米承受的重量为

$$150 \div 0.2 = 750(\text{kg/m}^2) > 732(\text{kg/m}^2)$$

所以,该货物不能直接装入A320飞机的下货舱。

如果要承运该货物,需要加垫板,垫板面积计算过程如下。

所需垫板的最小面积为

$$150 \div 732 = 0.205(m^2)$$

因垫板重量未知,将垫板面积扩大20%,最后所需的实际垫板面积为

$$0.205 \times 120\% = 0.246(m^2)$$

因此,要将该货物装入A320下货舱,需加垫0.246 m²的垫板。

■ 职业理想课堂(红线思维抓安全,防患未然是关键)

不要差不多,要严谨、规范、按章操作

(一)事件过程

2021年8月,A320飞机执行某境内任务,装卸人员未仔细核对装机单,把本应装在4舱的611 kg行李装入3舱。装载完毕后,监装监卸人员未仔细核对实际装载情况,飞机起飞。经计算,超过最后一分钟修正值,重心未出安全包线。

(二)事件原因分析

对事件进行调查发现,地面代理的装卸人员及监装监卸人员均对此机型的腹舱布局不熟悉。在装机过程中,未按照装机单进行装舱,造成行李装错舱位;监装监卸人员未按照其公司《客货部岗位操作手册》要求仔细核对实际装载情况,未及时发现并纠正装载错误。

(三)总结

飞机货舱装载的相关内容针对的是机场监装监卸岗位,虽然不需要监装监卸员亲自搬运货物,但是他们要做好与装卸部门的沟通和交流,并能正确指导现场的装卸人员对待运货物进行正确装载。装卸结束,监装监卸人员还要对货舱的装载情况进行检查。因此,作为未来的监装监卸人员,我们要在日常生活中,学习做事一丝不苟、追求极致,不麻痹大意,能吃苦耐劳,因为我们的每一份付出都与飞机飞行安全息息相关。

任务练习

任务书
一、任务描述

B787-9型飞机的货舱布局图、机型的舱位布局图如下。

B787-9飞机货舱布局图(一):

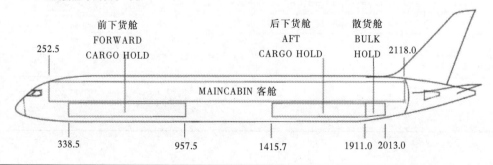

B787-9飞机货舱布局图(二):

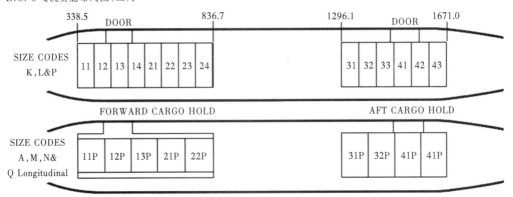

B787-9飞机舱位布局图(三):

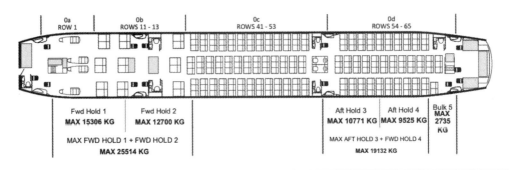

二、任务要求

1.观察货舱布局图(二),说出B787-9飞机货舱舱位标识的含义。

2.观察货舱布局图(三),找到B787-9飞机各货舱的限重。

3.观察货舱布局图(二),标出B787-9飞机货舱舱门的位置。

4.观察货舱布局图(三),通过查资料,解释"MAX FWD HOLD1+ FWD HOLD2 MAX25514KG"的含义。

三、任务分工

班级		组号		授课教师	
组长		学号			

组内成员					
姓名	学号	问题1	问题2	问题3	问题4

四、任务实施

评价反馈

小组代表陈述后,由各位同学和老师进行打分评价,并由老师进行最终点评,评价反馈表,如表5-3所示。

表5-3　任务结果评价反馈表

组号	评价内容			
评价人	问题1	问题2	问题3	问题4

任务二　认识航空集装器

任务目标

【知识目标】

(1)了解集装器的定义和基本分类。

(2)知道集装箱、集装板的定义、类型和常见集装箱的基本参数。

(3)理解集装器识别代码的含义。

【能力目标】

认识集装箱、集装板,能说出集装器识别码的含义。

【素质目标】

通过实际工作案例,学生要学习爱护集装设备,按章、按规范作业。

任务背景

图5-15是民航飞机常用的集装器。

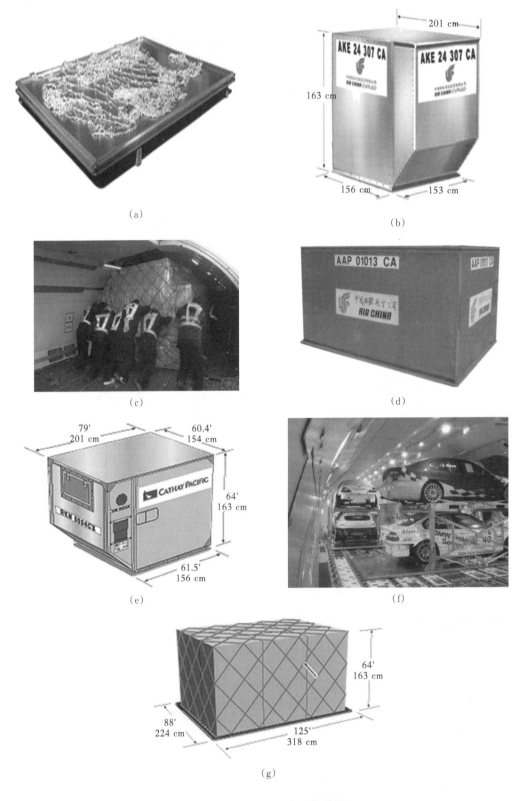

图 5-15　民航飞机常用集装器

 任务要求

根据上面的信息,请完成以下任务。

(1)将上面图示中的集装器按照集装箱和集装板进行分类。

(2)解释图 5-15 中(d)集装器识别码"AAP 01013 CA"和(b)集装器识别码"AKE 24 307 CA"的含义。

(3)查资料,分析图 5-15 中(e)集装器适合放在哪种机型的飞机货舱中运输。

(4)查资料,分析图 5-15 中(g)集装器适合放在哪种机型的飞机货舱中运输,该集装器能装载的最大毛重是多少。

(5)通过实际工作案例,学习爱护集装器,按章、按规范使用集装器。

知识链接

为了提高操作效率,部分飞机(一般为宽体飞机或全货机)的货舱可使用集装器装载货物、邮件和行李。

一、集装器的定义

集装器(Unit load device,ULD)是指在飞机上使用,用来装载货物、行李和邮件的各种类型的集装箱、集装板和辅助器材。集装器辅助器材包括集装板网套,系留货物用的带、锁扣、钢索,垫货用的垫板、托盘等。

(一)集装器运输的特点

一方面,可预先将货物、邮件或行李等按一定流向(目的地)装入标准化的集装容器内,从而实现整装整卸,提高飞机操作效率。集装器的设计,让它不仅可以更好地进行大体积、大批量的货物运输,在运输超大、超重、温度敏感等特殊货物时也具有不可替代的优势。

另一方面,集装器装上飞机后,可通过飞机货舱地板上的卡锁装置将其固定在飞机的货舱地板上。集装器被视为飞机结构中可拆卸的一部分,能装载集装器的飞机货舱底部均设置有滚轴及限动系统(俗称卡扣)。集装器底部直接与系统接触,也可使集装器平稳地进出货舱并牢靠地固定在货舱内。

(二)集装器的基本类型

1.集装箱

集装箱(Container)是根据机型要求制造的一个全结构容器,其地板与集装板类似,一侧留门,其余三侧与顶部封闭,可防止货物损害飞机。航空集装箱结构图,如 5-16 所示。集装箱装入机舱后锁定,以实现快速装卸。航空集装箱,如图 5-17 所示。

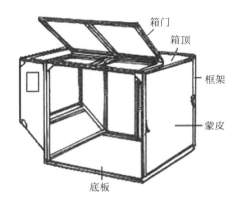

图 5-16　航空集装箱结构图

图 5-17　航空集装箱

　　航空集装箱主要分为主货舱集装箱和下货舱集装箱,其中主货舱集装箱高度超过163 cm,只能装在货机主货舱内;下货舱的集装箱高度不超过 163 cm,可以装在宽体飞机下货舱内。集装箱有全型和半型两种。半型集装箱可在货舱内左右各放一个,全型集装箱在货舱内只能横向放置一个。

　　2.集装板

　　集装板(Pallet)是根据机型要求制造的一块平面台板,可将货物集中放在板上,用网罩或拱形盖板固定,装入机舱后锁定,从而实现快速装卸的目的。集装板板边结构,如图5-18所示。集装板,如图5-19所示。

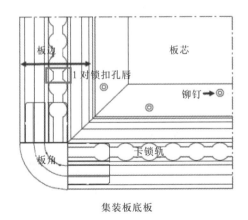

图 5-18　集装板板边结构

图 5-19　集装板

集装板在厚度上主要分两类:一类厚度不到 1 cm,主要用于运输普通货物;另一类厚度超过 5 cm,主要用于运输超重类货物。板的边缘装有固定网罩和系留带的卡槽,网罩可用绳子、皮带等打成菱形或方形网格。

(三)处理集装器时的注意事项

一是,业务载重应包含集装器本身重量;二是,所有的集装器都应在载重平衡表中显示出来,包括空的集装器,运输空的集装器时可使用其标准重量;三是注意集装器与机型的适配,特别是使用全货机运输时。

二、集装器识别代码

集装器识别代码是国际航协规定的表示集装器的种类、规格和所属人的唯一识别代码。集装器在投入使用前,必须在国际航协进行代码注册。

集装器识别代码应按规定格式标注在集装器上,在仓储组装、装载控制、机坪装卸、信息传递、销售结算等环节都使用该代码进行便捷的信息交换。集装器识别代码的组成如下。

按照国际航协的规定,集装器识别代码由三部分组成,即集装器三字代码、集装器编号和集装器所属人代码。集装器识别代码的组成,如表 5-4 所示。

表 5-4　集装器识别代码的组成

第一部分			第二部分	第三部分
集装器三字代码			集装器编号	集装器所属人代码
第 1 位	第 2 位	第 3 位		
如 A(种类)	如 K(底板尺寸)	如 K(标准轮廓及适配机型、舱位)	如 70001	如 CZ

(一)第一部分:集装器三字代码

第 1 位表示集装器的种类。比如,A 表示适航审定的集装箱;P 表示适航审定的集装板。常见的集装器类型,如表 5-5 所示。

表5-5　常见的集装器类型

种类代码	含义
A	适航审定的航空集装箱(不包括保温集装箱)
D	非适航审定的航空集装箱
F	非适航审定的航空集装板
G	非适航审定的集装板网套
H	适航审定的马厩
V	适航审定的车辆航空运输设备
K	适航审定的牛栏
L	适航审定的可变轮廓航空集装箱
M	非适航审定的保温集装箱
N	适航审定的集装板网套
P	适航审定的集装板
Q	适航审定的加厚型航空集装箱
R	适航审定的保温集装箱

第2位表示集装器的底板尺寸。常见的集装器底板尺寸,如表5-6所示。

表5-6　常见的集装器底板尺寸

底板代码	尺寸	
	公制(cm)	英制(in)
A	224 × 318	88 × 125
B	88 × 125	35 × 49
E	224 × 135	88 × 53
F	244 × 299	96 × 118
G	244 × 606	96 × 239
H	244 × 913	96 × 359
V	244 × 122	96 × 48
K	153 × 156	60 × 61
L	153 × 318	60 × 125
M	244 × 318	96 × 125
N+	156 × 244	61 × 96
P+	120 × 153	47 × 60
Q+	153 × 244	60 × 96

第3位表示集装器的标准轮廓及适配机型、舱位。对于集装箱而言,第3位字母为IATA标准轮廓代码,可以依据标准轮廓代码确定集装箱适配的机型;对于集装板而言,第3位字母为集装板及网限动系统构型和板与网的适配性。集装器第3位字母及其含义,如表5-7所示。

表5-7　集装器第3位字母及其含义

字母	含义
E	适用于B747、A310、DC10、L1011等机型下货舱的无叉眼装置的半型集装箱
N	适用于B747、A310、DC10、L1011等机型下货舱的有叉眼装置的半型集装箱
P	适用于B747COMBI上舱、B747、A310、DC10、L1011等机型下货舱的集装板
A	适用于B747F上舱的集装箱

（二）第二部分：集装器编号

1996年10月起，集装器全部使用5位数字编号，在此之前使用4位数字编号。

（三）第三部分：集装器所属人代码

第三部分集装器所属人代码指集装器所属人的2字代码。

常用集装器的种类、代号及其特点，如表5-8所示。

表5-8　常用集装器的种类、代号及其特点

类型	特征	适用机型
AVE	LD3普通集装箱	所有宽体飞机下货舱
AKE	LD3普通集装箱	所有宽体飞机下货舱
DPE	LD2普通集装箱	限B767飞机下货舱
RKN	LD3冷藏集装箱	所有宽体飞机下货舱
RAK	LD7进口冷藏箱	所有宽体飞机主/下货舱
AAP	LD7集装箱	所有宽体飞机主/下货舱
AMA	244 cm高集装箱	所有宽体飞机主货舱
DQF	767双体集装箱	限B767飞机下货舱
ALF	双体集装箱	所有宽体飞机下货舱（767禁用）
HMJ	马匹运输专用箱	B747、MD-11主货舱
PAG/PIP	标准集装板	所有宽体飞机主/下货舱
PMC/P6P	加强型集装板	所有宽体飞机主/下货舱
PMW	边框加强型翼板	所有宽体飞机主/下货舱
PLA	普通集装板	所有宽体飞机下货舱（B767禁用）
PLB	高强度集装板	所有宽体飞机下货舱（B767禁用）
FQA	普通集装板	限B767飞机下货舱
FQW	边框加强型翼板	限B767飞机下货舱
PGE/P7E	20英尺集装板	747F或COMBI主货
PRA	16英尺集装板	747F或COMBI主货舱

比如：集装器的识别代号AKE12032CA的含义如下。

"A"表示适航审定的集装器代码；"K"表示集装器底板尺寸1534 mm×1562 mm；"E"表示标准拱外形和适配代码；"12032"表示集装器编号和校验码；"CA"表示集装器所属承运航司是国航。

三、集装器图例及参考数据

（一）集装箱

民航常用集装箱的箱型、图示及数据参数,如表5-9所示。

表5-9　常用集装箱介绍

箱型	图示	数据参数
LD1集装箱	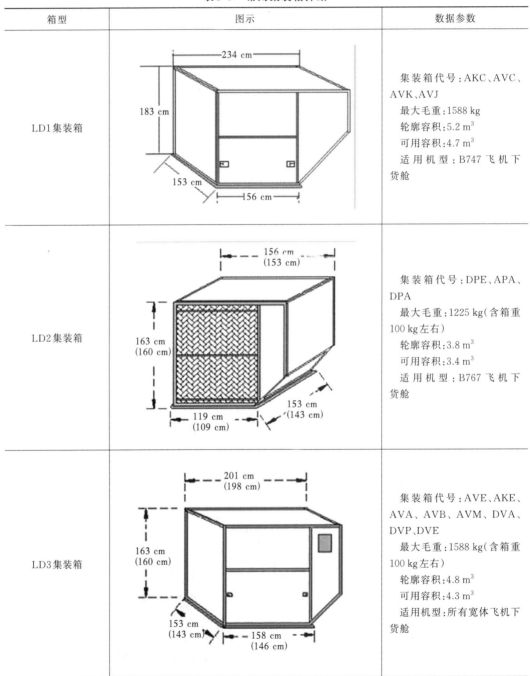	集装箱代号:AKC、AVC、AVK、AVJ 最大毛重:1588 kg 轮廓容积:5.2 m³ 可用容积:4.7 m³ 适用机型:B747飞机下货舱
LD2集装箱		集装箱代号:DPE、APA、DPA 最大毛重:1225 kg(含箱重100 kg左右) 轮廓容积:3.8 m³ 可用容积:3.4 m³ 适用机型:B767飞机下货舱
LD3集装箱		集装箱代号:AVE、AKE、AVA、AVB、AVM、DVA、DVP、DVE 最大毛重:1588 kg(含箱重100 kg左右) 轮廓容积:4.8 m³ 可用容积:4.3 m³ 适用机型:所有宽体飞机下货舱

箱型	图示	数据参数
LD5/(LD11)集装箱	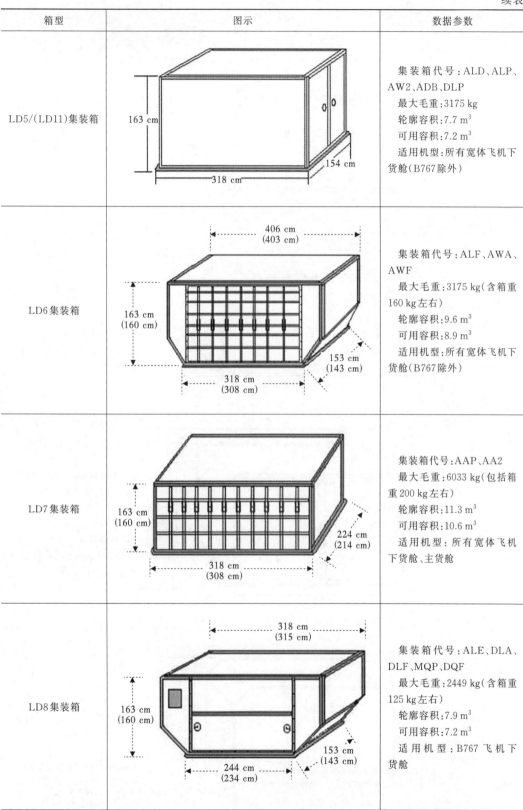	集装箱代号：ALD、ALP、AW2、ADB、DLP 最大毛重：3175 kg 轮廓容积：7.7 m³ 可用容积：7.2 m³ 适用机型：所有宽体飞机下货舱(B767除外)
LD6集装箱		集装箱代号：ALF、AWA、AWF 最大毛重：3175 kg(含箱重160 kg左右) 轮廓容积：9.6 m³ 可用容积：8.9 m³ 适用机型：所有宽体飞机下货舱(B767除外)
LD7集装箱		集装箱代号：AAP、AA2 最大毛重：6033 kg(包括箱重200 kg左右) 轮廓容积：11.3 m³ 可用容积：10.6 m³ 适用机型：所有宽体飞机下货舱、主货舱
LD8集装箱		集装箱代号：ALE、DLA、DLF、MQP、DQF 最大毛重：2449 kg(含箱重125 kg左右) 轮廓容积：7.9 m³ 可用容积：7.2 m³ 适用机型：B767飞机下货舱

箱型	图示	数据参数
LD9集装箱	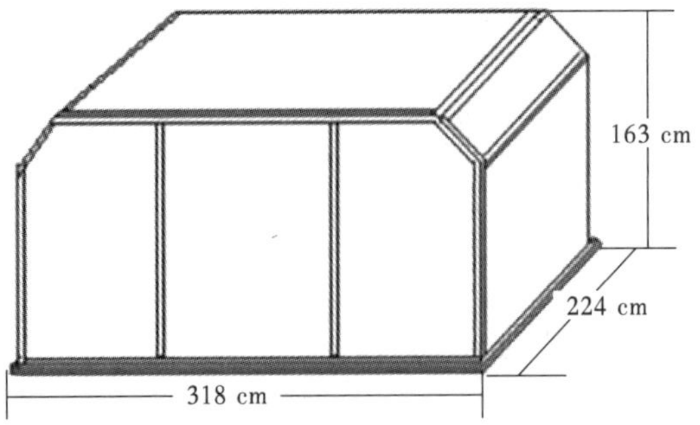 163 cm / 224 cm / 318 cm	最大毛重:3175 kg 轮廓容积:7.3 m³ 可用容积:7.0 m³ 适用机型:所有宽体飞机下货舱(B767除外)
LD10集装箱	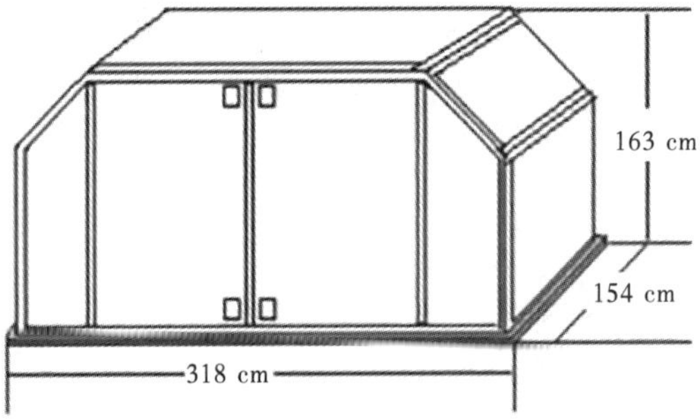 163 cm / 154 cm / 318 cm	集装箱代号:MWN 最大毛重:3175 kg 轮廓容积:6.8 m³ 可用容积:6.0 m³ 适用机型:所有宽体飞机下货舱(B767除外)
10英寸集装箱	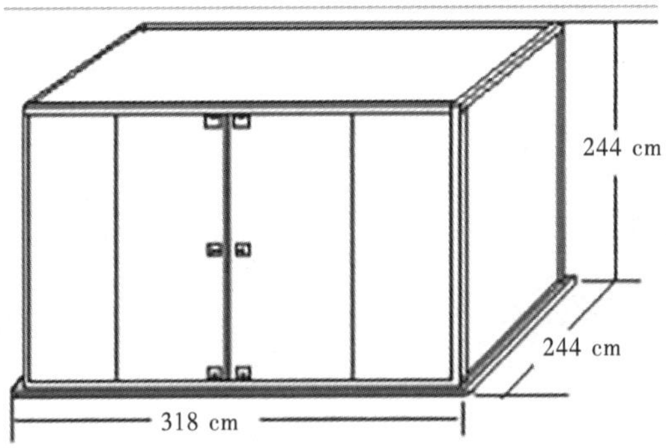 244 cm / 244 cm / 318 cm	集装箱代号:AMA、AMK、AQ6、RQ6、RQA 最大毛重:6804 kg 轮廓容积:18.5 m³ 可用容积:17.5 m³ 适用机型:B747F/COMBI、MD-11主货舱
冷藏集装箱	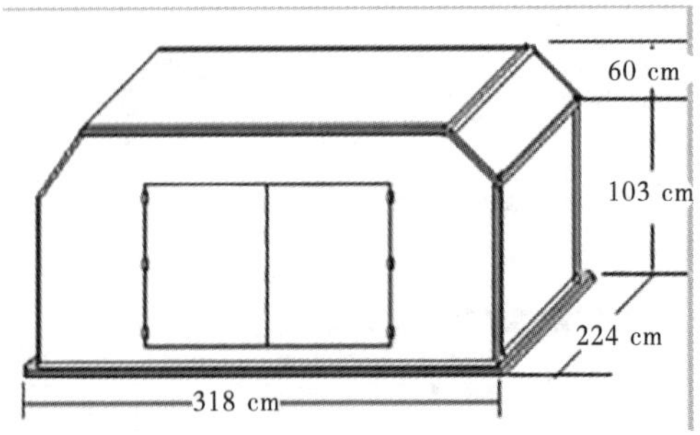 60 cm / 103 cm / 224 cm / 318 cm	集装箱代号:RA4、RAK、JAN 最大毛重:6033 kg 轮廓容积:10.1 m³ 可用容积:8.0 m³ 适用机型:所有宽体飞机下货舱(B737QC/F除外)

箱型	图示	数据参数
LD3冷藏箱	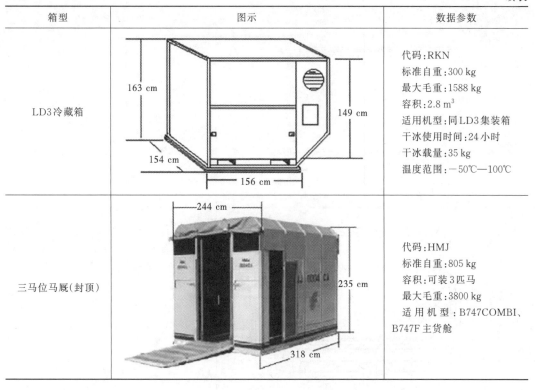	代码:RKN 标准自重:300 kg 最大毛重:1588 kg 容积:2.8 m³ 适用机型:同LD3集装箱 干冰使用时间:24小时 干冰载量:35 kg 温度范围:－50℃—100℃
三马位马厩(封顶)		代码:HMJ 标准自重:805 kg 容积:可装3匹马 最大毛重:3800 kg 适用机型:B747COMBI、 B747F主货舱

（二）集装板

常用集装板的板型、图示及数据参数,如表5-10所示。

表5-10　常用集装板介绍

板型	图示	数据参数
P1		集装板类型:P1 集装板代号:P1P、PAP、PAG、P1A、P1C、PAJ、PAX 最大毛重:6804 kg(含板网重量125 kg左右) 适用机型:所有宽体飞机主货舱、下货舱(含B707F、727F/QC、B737F/QC主货舱)
P2		集装板类型:P2 集装板代号:P2A、P2G、P2J、P2P、PBC、PBJ、PDP、PDJ 最大毛重:4536 kg(含板网重量100 kg左右) 适用机型:所有宽体飞机主货舱、B727F/QC、B737F/QC主货舱

板型	图示	数据参数
P4	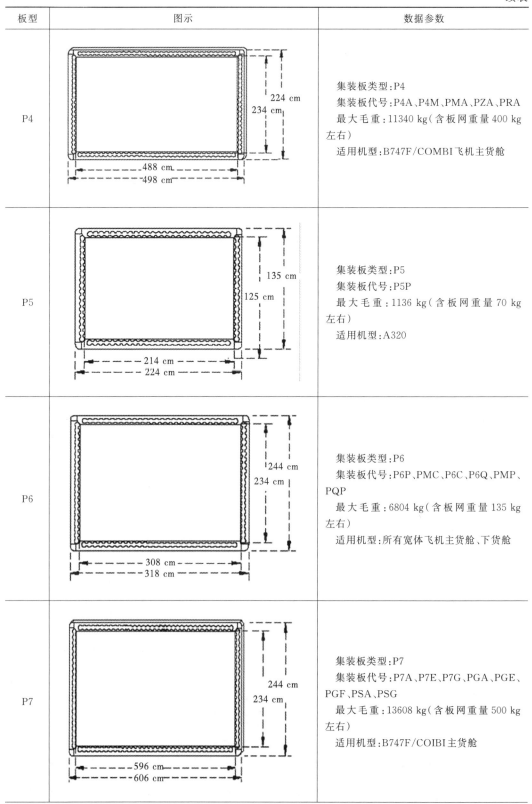	集装板类型:P4 集装板代号:P4A、P4M、PMA、PZA、PRA 最大毛重:11340 kg(含板网重量400 kg左右) 适用机型:B747F/COMBI飞机主货舱
P5		集装板类型:P5 集装板代号:P5P 最大毛重:1136 kg(含板网重量70 kg左右) 适用机型:A320
P6		集装板类型:P6 集装板代号:P6P、PMC、P6C、P6Q、PMP、PQP 最大毛重:6804 kg(含板网重量135 kg左右) 适用机型:所有宽体飞机主货舱、下货舱
P7		集装板类型:P7 集装板代号:P7A、P7E、P7G、PGA、PGE、PGF、PSA、PSG 最大毛重:13608 kg(含板网重量500 kg左右) 适用机型:B747F/COIBI主货舱

板型	图示	数据参数
P8	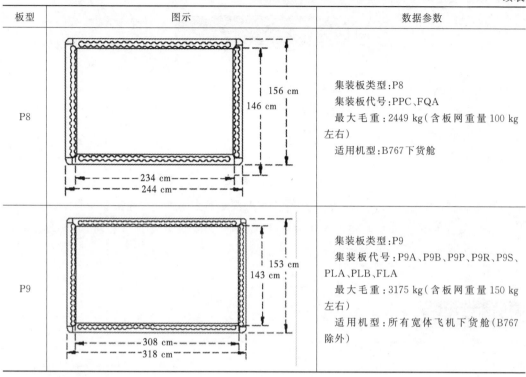	集装板类型:P8 集装板代号:PPC、FQA 最大毛重:2449 kg(含板网重量100 kg左右) 适用机型:B767下货舱
P9		集装板类型:P9 集装板代号:P9A、P9B、P9P、P9R、P9S、PLA、PLB、FLA 最大毛重:3175 kg(含板网重量150 kg左右) 适用机型:所有宽体飞机下货舱(B767除外)

（P8图示标注:156 cm、146 cm、234 cm、244 cm）

（P9图示标注:153 cm、143 cm、308 cm、318 cm）

🛩 任务实施

　　集装器是航空运输中,尤其是宽体飞机和货机上使用频率较高的集装设备,其重要性和优势不言而喻。因此,为全面、准确了解和使用集装器,我们首先要知道集装器的基本类型、集装器识别码的含义,以及常用的集装器类型,并通过实际案例,学习爱护集装器,按章、按规范使用集装器,具体分析如下。

　　(1)将上面图示中的集装器按照集装箱和集装板进行分类。集装器基本类型是集装箱和集装板。集装箱是根据机型要求制造的一个全结构容器,有箱门和箱体。集装板是根据机型要求制造的一块平面台板。

　　(2)解释图5-18中(d)集装器识别码"AAP 01013 CA"和图5-18中(b)集装器识别码"AKE 24 307 CA"的含义。集装器识别码具有唯一性,集装器在使用前必须在国际航协进行注册。集装器的识别代码一般由10位字母和数字组成。前三位是字母;中间5位是数字,也是集装器的编号;最后两位是集装器的所属人,即航司的两字代码。

　　(3)查资料,分析图5-18中(e)集装器适合放在哪种机型的飞机货舱运输。图5-18中(e)是集装箱,我们根据其长宽高判断其适合放在所有宽体飞机的下货舱。

　　(4)查资料,分析图5-18中(g)集装器适合放在哪种机型的飞机货舱运输,该集装器能装载的最大毛重是多少。图5-18中(g)是集装板,我们根据板子的长宽判断其属于P1型板,适合放在所有宽体飞机主货舱、下货舱,可以装载的最大毛重是6804 kg(含板网重量125 kg左右)。

■ **职业理想课堂（红线思维抓安全，防患未然是关键）**

按章作业，安全放心中

（一）案例内容

2021年12月，A321飞机执行某境内航站始发货任务，落地后卸机人员发现舱单中前舱11位置的一板AKH货物错误装载到前舱23位置，经测算飞机重心未超包线，未超该机型最后一分钟修正值。

（二）案例总结

监装监卸员安全意识淡薄，思想麻痹，工作作风不实，不按章操作，不仅未出现在航班保障现场，还在本人未到场的情况下指挥装卸人员进行装载操作，违反了货邮装卸作业指导书中监装监卸员在场才能进行操作的规定。另外，因监装监卸员未在场，装载过程中也未对装载正确性进行监控，最终造成实际装载与舱单不符。

✈ 任务练习

任务书

一、任务描述

民航飞机常用的集装器如下：

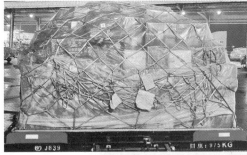

二、任务要求

　　1.解释图中的集装器识别码"PAG 15529 O3""DQF 30501 O3"的含义。
　　2.分析集装器PAG和DQF的特点和适用机型。
　　3.说出集装箱的基本组成。

三、任务分工

班级		组号		授课教师	
组长		学号			

组内成员

姓名	学号	问题1	问题2	问题3

四、任务实施

 评价反馈

　　小组代表陈述后,由各位同学和老师进行打分评价,并由老师进行最终点评,评价反馈表,如表5-11所示。

表5-11　任务结果评价反馈表

组号	评价内容		
评价人	问题1	问题2	问题3

任务三　填制装机单

任务目标

【知识目标】

(1)了解装机单的内涵及特点。

(2)掌握装机单各部分填制要求。

【能力目标】

(1)会填制和检查装机单。

(2)能根据装机单指导现场装卸人员装卸机。

(3)能复核装机单各部分数据。

【素质目标】

通过实际工作案例,学生要学习爱岗敬业、吃苦耐劳、一丝不苟、追求极致,并要立足岗位,勇于创新和探索,践行民航"三个敬畏"精神。

任务背景

2022年10月25日,由B-7027号飞机(B787-8)执行MF8672航班(XMN—PEK)飞行任务。该飞机的客舱布局为F4J18Y215,操作空重117291 kg,指数52.15,机组配置为3/11(标准机组4/9),该航班需修正重量+80,指数+0.53。B787-8飞机外观及货舱布局见图5-20和图5-21。起飞油量22500 kg,航段耗油11900 kg,旅客F2/J12/Y135。行李1500 kg,共装4AKE箱(自重80 kg),其中VIP、优先行李250 kg(需自行指定箱号、不含集装箱自重80 kg):4个箱号分别为AKE00016MF、AKE00017MF、AKE01031MF、AKE02103MF。

货邮(集装板自重120 kg)净重为

PMC00025MF　　C 2500;

PMC00028MF　　C 2100;

PMC00301MF　　M 1500;

PAG001028MF　　C 1400。

图 5-20 B787-8 飞机外观

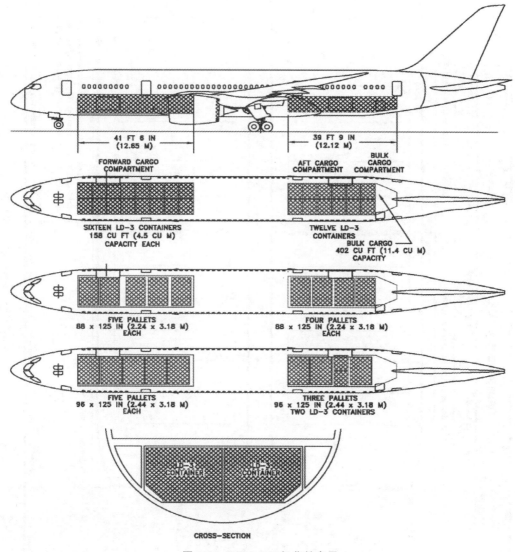

图 5-21 B787-8 飞机货舱布局

任务要求

请根据上述信息,完成以下任务。

(1)填写装机通知单。

(2)VIP、优先行李需安排装载在货舱门口便于及时卸机(装机单见图5-22)。

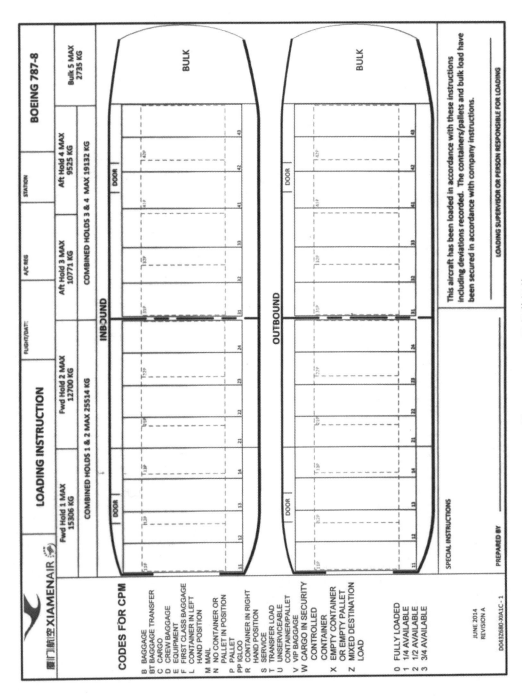

图 5-22　B787-8 飞机装机单

知识链接

　　装机单是装载部门进行飞机装载作业的依据,装机单由配载部门填制或认可,如有更改,必须得到配载部门的同意。

　　飞机的装机单能反映飞机货舱的基本布局、舱门尺寸,以及各舱最大载量和联合载量。宽体飞机的货舱容积大,自动装卸程度高,对配载的要求特别严格。配载人员要认真填写装机单,装卸人员必须严格按照装机单指示装卸,做到各舱实际装载重量与装机单相符,集装箱、集装板的放置位置符合装机单指示要求,避免飞机前后或左右装载不均。

一、装机单的制作标准

　　一是根据工作具体程序、内容要求制作装机单、卸机单。

　　二是在装卸机单上标注装卸位置,用于指导装卸作业。装卸机单的制作方式包括手工制作和系统制作两种。手工制作的装卸机单,具有配载员签字,以及辅以传递的确认信息才视为有效。系统制作的装卸机单,具有配载员签名(含电子签名),以及辅以传递的确认信息才视为有效。

　　三是货运装卸、行李装卸、舱单监控结算和监装各一份,相关工作人员按照装机单进行装卸和监管。

　　四是装机单上应填写的内容有航班基本信息,包括航班号、飞机号、始发站三字代码;货舱装载情况,包括到达站、业载类型、特种货物代码,以及集装器编号和重量;装机单版本号;装机单制作人签名。

二、装机单内容解释

　　装机单主要条目注释,如表5-12所示。

表5-12　装机单主要条目注释

序号	条目	说明	格式/例	备注
1	FLIGHT DATE	航班及日期	CZ3503/12MAR	
2	A/C REG.	飞机的注册号	B2052	
3	STATION	始发站	SHE	
4	Hold4 MAX 9525KG			舱位最大装载限制
5	13P	集装板位置	SHE/P1P70355CZ/2010/C.AVI	如不装载,填写N或NIL
6	31L/31R	集装箱位置	SHE/AKE70333CZ/675/BY	

续表

序号	条目	说明	格式/例	备注
7	5/BULK	散装舱位置	SHA/400/C.AVI	如不装载,填写 N 或 NIL
8	SPECIAL INSTRUCTIONS	特别注意事项		
9	PREPARER BY	填表人签名		
10	LOADING SUPERVISOR	装机人(监装人)签名		
11	CODES FOR CPM	代码说明		

三、装机单填写注意事项

(一)最大载量限制

如任务中的装机单所示,"Fwd Hold 1 MAX 15306KG"即前舱1号货舱单独装载最大载重不超过15306 kg。同时,1舱还有联合载量的限制。如"COMBINED HOLDS 1&2 MAX 25514KG"即1舱和2舱同时装载货物时,两舱的载量之和不得超过25514 kg。

(二)装机单组成部分

装机单有进港(INBOUND)和离港(OUTBOUND)两部分,有的装机单是到达(ARRIVE)和始发(DEPARTURE)两部分。INBOUND供记录过境业载,以免在同一位置出现重复装载的情况,有时也作为修正栏使用。OUTBOUND供安排出港装载时使用。

(三)集装箱位置表示

集装箱的位置用11L、11R、12L、12R等表示,其中11L可理解成1号舱左1号箱位。集装板的位置用11P、21P表示,其中11P可理解成1号舱1号板位。货舱中放板或箱的位置都是有限制的。特别注意的是,放了板的位置,不可重复安排放箱。5号舱没有箱板代号,是散装舱。

(四)集装箱板报(CPM)代号

集装箱板报(CPM)代号,如表5-13所示。

表5-13 集装箱板报(CPM)代号

序号	缩写	全称	中文
1	B	BAGGAGE	行李
2	BT	BAGGAGE TRANSFER	转港行李

序号	缩写	全称	中文
3	C	CARGO	货物
4	D	CREW BAGGAGE	机组行李
5	E	EQUIPMENT	集装器
6	F	FIRST CLASS BAGGAGE	头等舱行李
7	L	CONTAINER IN LEFT HAND POSITION	左手位置集装箱
8	M	MAIL	邮件
9	N	NO CONTAINER OR PALLET IN POSITION	此位置无集装箱或集装板
10	P	PALLET	集装板
11	PP	IGLOO	集装箱
12	R	CONTAINER IN RIGHT HAND POSITION	右手位置集装箱
13	S	SERVICE, SORT ARRIVAL	服务、到达后的分类
14	T	TRANSFER LOAD	转港装载
15	U	UNSERVICEABLE CONTAINER/PALLET	不能使用的集装箱/集装板
16	V	VIP BAGGAGE	要客行李
17	W	CARGO IN SECURITY CONTROLLED CONTAINER	货物在安检检查过的集装箱内
18	X	EMPTY CONTAINER OR EMPTY PALLET	空集装箱或空集装板
19	Z	MIXED DESTINATION LOAD	混装
20	0	FULLY LOADED	满载
21	1	1/4 AVAILABLE	1/4空间可利用
22	2	2/4 AVAILABLE	2/4空间可利用
23	3	3/4 AVAILABLE	3/4空间可利用

飞机货舱装载 项目五

（五）指示装载主管或负责人签名位置

图5-23所示为指示装载主管或负责人签名位置栏（LOADING SUPERVISOR OR PERSON RESPONSIBLE FOR LOADING）。图中这段话的大意是：本飞机已按装载指令装载完毕，并包含了记录中的偏差；集装箱、集装板和散货的网锁已经按公司规定锁牢。

This aircraft has been loaded in accordance with these instructions including deviations recorded. The containers/pallets and bulk load have been secured in accordance with company instructions.

LOADING SUPERVISOR OR PERSON RESPONSIBLE FOR LOADING

图5-23 指示装载主管或负责人签名位置栏

（六）特别指令栏

特别指令栏（SPECIAL INSTRUCTIONS），如图5-24所示。本栏目填写配载人员和装载人员注意事项，比如改变集装设备的位置、特殊物品说明等。最后由填表人员签名（PREPARER BY）。

SPECIAL INSTRUCTIONS

PREPARED BY

图5-24 特别指令栏

技能实战

请学员思考：

1.如何快速准确填制装机单？

2.在现场监装时，应注意哪些问题？

任务实施

根据任务内容，本次航班装机单的具体填制步骤如下。

（1）在FLIGHT/DATE栏内填写航班和日期：MF8672/25OCT22。

（2）在A/G REG栏内填写飞机号：B7027。

（3）在STATION栏内填写始发站：XMN。

（4）在OUTBOUND栏内填写货、行、邮的具体装载情况。注意无论是在箱还是板的位置，在填写的时候，一定要包括目的地、箱（板）号、重量，以及客、行、邮的代号。如果本部分不装载货、行、邮，填"N"。具体填制内容见图5-25。

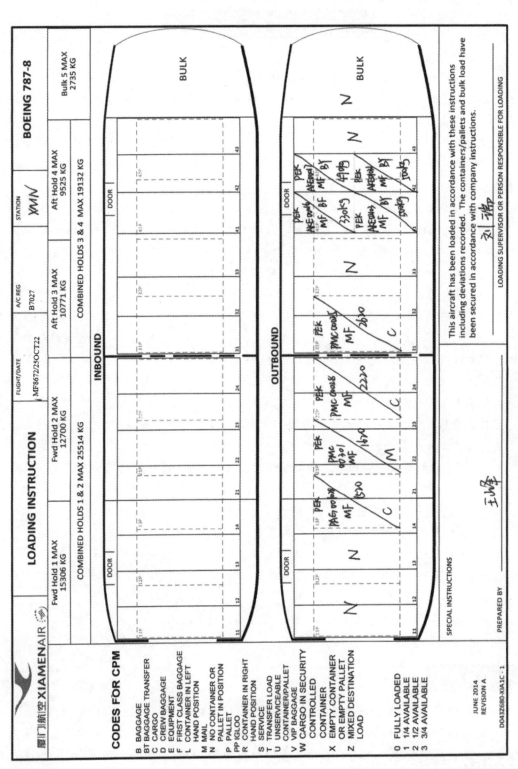

图 5-25 B787-8 装机单示例图

■ 职业理想课堂（红线思维抓安全，防患未然是关键）

装卸错误对载重平衡的影响

（一）案例内容

2013年3月，某航司A—B航班。舱单显示行李舱位在3H，B地卸机时发现行李实际装载在4H。经调查，装机单和舱单均为3H，实际装载错误是A地监装人员看错装机单导致的。

2016年8月，某航司A—B航班，从A地起飞，在B地落地后发现有200 kg的沙袋装载在1H。经调查，A—B航班前段X—A航班因重心原因有200 kg的沙袋装在1舱，X—A航班落地后未卸下，也未在后续A—B航班的舱单中体现，造成隐载，经配载计算未超包线。该航班监装未对到港航班进行清舱，且未认真核对装机单。

2013年7月，A—B—C航班。舱单显示C地行李251 kg＋货物381 kg在1H，C地卸机时发现1H只有381 kg货物，没有行李。经调查，A地舱单和装机单相符，C地行李在1H，A地监装人员未核对装机内容导致错装。B站装卸机时，监装人员未核对过站信息。

（二）案例总结

以上案例表明，装载原因会导致重心变化，甚至超出安全包线。飞机重心改变，轻则造成翘头、擦尾，重则机毁人亡。配载人员和监装人员应协同配合，共同保障装载和单据的一致性。配载人员应根据飞机重心特点，合理地、科学地安排货、邮、行的装载舱位。地面装卸人员应严格按照装卸单进行操作，应建立装机完毕与配载人员复核的制度，确保飞机各项重心处于安全包线范围内。

因装载信息未有效传递或者信息未闭环导致的问题，针对"看错、装错、未清仓"等原因最直接的管控方法就是加强信息复核和确认。针对此类事件，建议采取以下管控措施。

一是，建立并严格执行装卸时监装与装卸间的复核程序，以及装载完毕监装与配载的复核程序。

二是，临时拉调货时，调整完毕必须进行信息确认。

三是，建立并严格执行联程航班经停站核对过站装载信息的程序。

四是，注意接收货运部门、监装部门反馈的特殊信息，确保信息通报顺畅、准确。

五是，按照货舱装载要求对货舱内的装载物品（尤其是活体动物等特殊装载）进行装载和固定。

六是，遵守装载规则及装载顺序，以防地面翘头等现象发生。

✈ 任务练习

2022年10月，由B-3052号飞机（A319-115）执行GJ8009航班（HGH—XIY）飞行任务。

该飞机的DOW为41586 kg，指数为53.75。舱位布局C8R18Y108，最大起飞重量为70000 kg，最大落地重量为62500 kg，最大无油重量为58500 kg。航班上旅客有130位成人和2位儿童，分布情况是FWD38人、MID48人、AFT46人；行李重800 kg，货物重1200 kg。请根据以上信息，填制飞机装机通知单（见图5-26）。

LOADING INSTRUCTION REPORT - A319-115

ADDRESS	ORIGIN	CPM	FLIGHT N°	AC REG	DEST	DATE	PREPARED BY/CERT N°

BULK COMPARTMENT N°5

MAX 1171 kg

COMPARTMENT N°4

MAX 3021 kg

MAX 3021 kg

COMPARTMENT N°1

MAX 2268 kg

MAX 2268 kg

Arrival

51 | 42 | 41 | 12 | 11 | L / FWD ▲ / R

SPECIAL INSTRUCTIONS

Loading instructions

51 | 42 | 41 | 12 | 11 | L / FWD ▲ / R

SPECIAL INSTRUCTIONS

Loading report

Departure

51 | 42 | 41 | 12 | 11 | L / FWD ▲ / R

SPECIAL INSTRUCTIONS

THIS AIRCRAFT HAS BEEN LOADED IN ACCORDANCE WITH INSTRUCTIONS INCLUDING THE DEVIATIONS SHOWN ON THE REPORT ALL CONTAINERS/PALLETS AND BULK LOAD HAVE BEEN SECURED IN ACCORDANCE WITH COMPANY REGULATIONS.

PERSON RESPONSIBLE FOR LOADING

		INFORMATION CODES	
B – BAGGAGE	D – CREW BAGGAGE	N – NO ULD AT POSITION	0 – FULL X – EMPTY
C – CARGO	E – EQUIPMENT	P – PALLET	1 – ¼ VOLUME AVAILABLE
M – MAIL	F – F/C BAGGAGE	T – TRANSFER	2 – ½ VOLUME AVAILABLE
S – SORT	J – PRIORITY BAGS	U – ULD CONTAINER	3 – ¾ VOLUME AVAILABLE
		UCRC – CREW REST	

Issue N°: 130649_A319_MSN8616_02_2022_REV0

Date: 07/02/2022

Completed by:

(Signature)

图 5-26 A319-115 装机单

 **评价反馈**

小组代表陈述后，由各位同学和老师进行打分评价，并由老师进行最终点评，评价反馈表，如表5-14所示。

表5-14 任务结果评价反馈表

组号	评价内容			
评价人	装机单填制的规范性(25分)	装机单填制的正确性(30分)	装机单填制的认真程度(比如字体是否工整、有无乱涂乱画等)(25分)	小组成员的具体贡献(20分)

任务四　特种货物装载

 **任务目标**

【知识目标】

(1)了解各航司特种货物运输的数量(重量)要求。

(2)知道特种货物的分类，以及装载规定。

(3)熟记常见特种货物的代码。

【能力目标】

能为特种货物分配正确的舱位。

【素质目标】

通过理论学习，学生要勇于迎接挑战、敢于攻坚克难，并养成敏而好学和终身学习的习惯，争当配载"巧手"。

 **任务背景**

JD121B航班，PEK—CAN，由B2778执行飞行任务，机型是A320，旅客100/29/1，行李70 pcs/872 kg。行李中有1只活体狗，重量为10 kg。离港货物信息，如表5-15所示。

表5-15 离港货物信息

目的站	重量	英文缩写	体积	备注
CAN	400 kg	C	6 m³	
CAN	300 kg	C	4 m³	
CAN	1550 kg	C	4 m³	
CAN	800 kg	C	6 m³	包含干冰50 kg

A320装机单，如图5-27所示。

LOADING INSTRUCTION REPORT - A320

CPM

| | ADDRESS | ORIGIN | FLIGHT N° | AC REG | DEST. | DATE | PREPARED BY/CERT N°. |

BULK COMPARTMENT N°5
MAX 1497 kg

COMPARTMENT N°4
MAX 2110 kg

COMPARTMENT N°3
MAX 2426 kg

MAX 4536 kg

COMPARTMENT N°1
MAX 3402 kg

MAX 3402 kg

L FWD ▲ R

11 12 13 31 32 41 42 51 52 53

Arrival

SPECIAL INSTRUCTIONS
Loading instructions

Departure

SPECIAL INSTRUCTIONS
Loading instructions

SPECIAL INSTRUCTIONS

THIS AIRCRAFT HAS BEEN LOADED IN ACCORDANCE WITH INSTRUCTIONS INCLUDING THE DEVIATIONS SHOWN ON THE REPORT ALL CONTAINERS/PALLETS AND BULK LOAD HAVE BEEN SECURED IN ACCORDANCE WITH COMPANY REGULATIONS.

PERSON RESPONSIBLE FOR LOADING

B – BAGGAGE	D – CREW BAGGAGE	INFORMATION CODES	0 – FULL X – EMPTY
C – CARGO	E – EQUIPMENT	N – NO ULD AT POSITION	1 – ¼ VOLUME AVAILABLE
M – MAIL	F – F/C BAGGAGE	P – PALLET	2 – ½ VOLUME AVAILABLE
S – SORT	J – PRIORITY BAGS	T – TRANSFER	3 – ¾ VOLUME AVAILABLE
		U – US CONTAINER	
		UCRC – CREW REST	

图 5-27　A320装机单

Completed by:　　Issue N°: (Signature) Date: 11/08/2015

129

✈ 任务要求

根据上面的信息,请完成以下任务。

(1)请分析上述货物中哪些属于特种货物,并分析具体属于特种货物中的哪一类。

(2)请问上述特种货物能不能放在本航班的货舱运输?若能,分析可以放在该机型货舱的哪些舱位。

(3)如果上述特种货物能运,每次能运多少?

(4)请填写装机单。

✈ 知识链接

特种货物是指在收运、储存、保管、运输、交付过程中,因货物本身的性质、价值等,需要特别照料和服务的货物。常见的特种货物有危险品、外交信袋、活体动物、贵重物品、押运货物、骨灰灵柩、鲜活易腐货物、枪械、弹药等。

特种货物运输往往利润空间较大,但操作难度也较大,虽然运输量并不大,但稍有不慎就会出现问题。因此,特种货物运输需要采取特殊处理方法,否则会危害到飞机、旅客,以及机组人员的安全。在承运特种货物时,货运部门需要将特种货物情况通报配载平衡部门,由配载平衡部门决定特种货物装机位置并将相关信息填写在装机单上,同时在载重平衡图和载重电报上注明。民航货物运输常用的三字代码,如表5-16所示。

表5-16　民航货物运输常用的三字代码

代码	中文含义	代码	中文含义
HEA	超重或单件重量超150 kg的货物	PEF	鲜花
URG	紧急货物	PEM	肉类
BIG	超大货物	PEP	水果和蔬菜
IPC	重要货物	VUN	手机
CIC	客舱装载货物	PES	海产品
COL	冷藏货物	EAT	食品
FRX	冷冻货物	DIP	外交信袋
OBX	令人反感的货物	HEG	种蛋
OHG	探板货物,一件超长货物装在一个或两个板上	FSY	鱼虾苗
RAC	已经预订舱位的货物	NWP	报纸和杂志
QRT	机下快速中转货物	WEA	武器
XPS	优先运输的小件货物	MUW	军需品
ATT	附在货运单上的货物	GUN	枪支
PER	易腐货物	SWP	运动用武器
SOC	占座行李、货物或邮件	RIM	刺激性物品
BUP	散装货物的装机运输,由托运人或收货人自行处理的集装设备	REQ	例外数量包装件
SUR	地面运输货物	DGR	危险物品

代码	中文含义	代码	中文含义
NPM	纸型	ICE	放有干冰的货物
WET	湿货	LSA	低比度放射性物质
VUN	易损坏货物	MAG	磁性物质
CAO	仅限货机运输	RBI	锂离子电池 965 IA 及 IB 部分
CAT	押运货物	RBM	锂金属电池 968 IA 及 IB 部分
CIS	海关监管货物	RCL	深冷液化气体
DRH	电容货	RCM	腐蚀性物质
GJZ	国际中转货	RCX	爆炸品 1.3C
EXP	快件	REX	通常禁运的爆炸品
XPQ	协议固定舱位快件	RFG	易燃气体
MAL	邮件	RFL	易燃液体
COM	公司邮件	RFS	易燃固体
SVC	公务	RFW	遇水释放易燃气体的物质
TRA	过站业载	RGX	爆炸品 1.3G
TRB	过站行李	RIS	传染性物质
TRC	过站货	RLI	锂离子电池,9类危险品
UBAG	无人押运的行李或作为货物运输的行李	RLM	锂金属电池,9类危险品
SAL	空运水陆路邮件	RMD	杂项危险品
EIC	货舱设备	RNG	非易燃无毒气体
AOG	紧急航材、航材部件	ROP	有机过氧化物
FKT	飞机工具箱	ROX	氧化剂
BAL	压舱物	RPB	二级毒品
ACT	装有变温控制系统的集装箱	RPC	三级毒品
VAL	贵重物品	RPG	毒性气体
FIL	未使用或未曝光的胶卷	RRE	放射性物质——例外包件
AVI	活体动物	RRW	放射性物质Ⅰ级白
DHC	占用旅客座位、不参与飞行的机组	RRY	放射性物质Ⅱ级黄和Ⅲ级黄
XCR	占用旅客座位参与飞行的机组	RSB	聚合物颗粒
MED	急救药品	RSC	自燃物质
LHO	人体活器官或血浆	RXB	爆炸品 1.4B
ASH	骨灰	RXC	爆炸品 1.4C
HUM	尸体	RXD	爆炸品 1.4D
VACIN	接种疫苗	RXE	爆炸品 1.4E
BED	装载在客舱的担架	RXG	爆炸品 1.4G
BEH	装载在货舱的担架	RXS	爆炸品 1.4S
FYW	防疫物资	SCO	表面污染的放射性物质

飞机货舱装载 项目五

续表

代码	中文含义	代码	中文含义
RDS	诊断标本	XLI	无须在运单上申报的锂离子电池
PIL	保存在极端温度下的药品	XLM	无须在运单上申报的锂金属电池
RWD	其他危险物品	SPF	实验动物
1HD	舱位,用于货运传货给集配配载建议舱位	AAA	优先
2HD	舱位,用于货运传货给集配配载建议舱位	BBB	其次
3HD	舱位,用于货运传货给集配配载建议舱位	CCC	再次
4HD	舱位,用于货运传货给集配配载建议舱位	ZZZ	优先拉货
5HD	舱位,用于货运传货给集配配载建议舱位		

一、特种货物装载操作基本要求

一是,特种货物装载过程中,各环节之间应严格交接手续,防止漏装或错装。

二是,特种货物无论是装在集装器内还是装在散货舱内,无论是处于停场待装状态还是在地面运输过程中必须有人监护,保证货物安全。

三是,装卸押运货物时必须要有押运员在场,按押运员的要求操作,确因情况特殊,无法完全按照押运员要求操作的,应向押运员解释清楚,征求押运员的意见,保证押运货物安全装机。

四是,特种货物卸下飞机后要及时运入仓库,禁止在客机坪或仓库以外的任何地方存放,避免因此发生动物死亡、鲜活易腐物品变质、贵重物品丢失等问题,确需在客机坪或其他地方短时间存放时,要安排专人监护。

五是,特种货物的组装、装卸需要符合普通货物的基本要求和特种货物的特种要求,当普通货物基本要求与特种货物组装、装卸要求不一致时,按照特种货物要求进行操作。

二、危险品装载

危险品是指在航空运输中可能会危害人身健康、安全,以及对财产造成损害的物品或物质。危险品运输必须遵守运输全过程中有关国家的法律、法规。托运人及其销售代理人必须对运输的危险品进行正确分类,并确定每种危险品的类别、项别和危险性。危险品按其主要特征可以分为九类,见表5-17。

表5-17 危险品

类型	名称	示例
第一类	爆炸品	火药、炸药、弹药、硝化纤维(广泛用于造漆、摄影胶片、赛璐珞等)、烟花爆竹
第二类	气体	乙炔、丁烷(打火机)、煤气、氮、硫化氢、氯气
第三类	易燃液体	汽油、乙醇、油漆

类型	名称	示例
第四类	易燃固体、自燃固体和遇湿易燃固体	白磷、油浸的麻棉纸及其制品、活泼金属及其合金、碳磷化合物(碳化钙、磷化钙)、乒乓球、火柴、樟脑、钠
第五类	氧化剂和有机过氧化物	含氯的含氧酸及盐类(氯酸钾)、含有过氧基(—O—O—)的有机物
第六类	毒性物质和传染性物质	砒霜、农药、肝炎病毒
第七类	放射性物质	含有铀、镭、氡等的放射性物质
第八类	腐蚀性物质	硫酸
第九类	杂项危险品	磁性物品、干冰、麻醉物品、电池等

（一）危险品装载原则

1.预先检查原则

危险品的包装件在组装集装器或装机之前,必须经过认真检查。包装件在完全符合要求的情况下才可以继续进行作业。检查的内容包括以下三个方面。

一是,外包装无漏洞、无破损,包装件无气味,无任何泄漏及损坏的迹象。

二是,包装件上的危险性标签和操作标签正确无误、粘贴牢固,包装件的文字标记(包括运输专用名称、UN或ID编号、托运人和收货人的姓名及地址)等相关信息书写正确、字迹清楚。

三是,操作人员在装机前可以拒绝装机的危险品,包括:运单后无危险品申报单和检查单的危险品(例外包装件除外);装机前发现包装破损、渗漏、有异味的危险品;装机前发现包装件上无标签标记的危险品(例外包装件除外);在客机航班的货物中发现的仅限货机的危险品。

2.方向性原则

装有液体危险品的包装件均按要求贴向上标签(如有需要还应标注"THIS SIDE UP")。在搬运、装卸、组装集装板或集装箱,以及装机的全过程中,必须按该标签的指向使包装件始终保持直立向上的状态。

3.轻拿轻放原则

在搬运或装卸危险品包装件时,无论是采用人工操作还是机械操作,都必须轻拿轻放,切忌磕、碰、摔、撞。

4.固定货物、防止滑动原则

危险品包装件装入飞机货舱后,装载人员应设法固定,防止其在飞机飞行过程中倾倒或翻滚,造成损坏。危险品包装件的装载应该符合如下要求。

一是,体积小的包装件不会通过网眼从集装板上掉下;二是,散装的包装件不会在货舱内移动;三是,桶形包装件难以用尼龙带捆绑固定时,要用其他货物卡紧;四是,用其他货物卡住散装的包装件时,必须从五个方向(前、后、左、右、上)卡紧。如果集装箱中的货物未装满(已经使用的容积不超过2/3),应将货物固定。

5.货机装载的可接近性原则

装载仅限货机的危险品时,必须将粘贴有"CARGO AIRCRAFT ONLY"标签的一面放在最外面,保证人员能够随时看到,且危险物品包装件须具有可接近性。只要包装件的大小和重量许可,应将该包装件放置在机组人员可以用手随时将其搬开的位置。

(二)干冰的装载

1.作为货物冷冻剂运输的干冰

作为货物冷冻剂运输的干冰(固体二氧化碳),装入货舱(包括货机主货舱)的数量不超过表5-18中的限制。

表5-18　部分干冰装载限量

A319-111	
货舱	干冰装载限量/kg
前货舱	0
后货舱	200
飞机上可装载总量	200

A319-115/131	
货舱	干冰装载限量/kg
前货舱	0
后货舱	0
飞机上可装载总量	0

A320-214	
货舱	干冰装载限量/kg
前货舱	0
后货舱	200
飞机上可装载总量	200

A321	
货舱	干冰装载限量/kg
前货舱	250
后货舱	0
飞机上可装载总量	250

A330-200	
货舱	干冰装载限量/kg
前下货舱	700
后下货舱	0
散货舱	200
飞机上可装载总量	900

A330-300	
货舱	干冰装载限量/kg
前下货舱	800
后下货舱	0

散货舱	250
飞机上可装载总量	1050

A340-313(B2385/B2386/B2387)

货舱	干冰装载限量/kg
前下货舱	700
后下货舱	0
散货舱	200
飞机上可装载总量	900

A340-313E(CXN)(B2388/B2389/B2390)

货舱	干冰装载限量/kg
前下货舱	0
后下货舱	0
散货舱	200
飞机上可装载总量	200

B737-300/400/500/700/800

货舱	干冰装载限量/kg
前货舱	200
后货舱	200
散货舱	200
飞机上可装载总量	200

B737-600

货舱	干冰装载限量/kg
前货舱	100
后货舱	100
散货舱	100
飞机上可装载总量	100

B737-300货机

货舱	干冰装载限量/kg
主货舱	800
前下货舱	800
后下货舱	800
散货舱	800
飞机上可装载总量	800

B747-200

货舱	干冰装载限量/kg
主货舱	1800
前下货舱	1800

飞机货舱装载 项目五

后下货舱	1800
散货舱	1800
飞机上可装载总量	1800

B747-400 COMBI

货舱	干冰装载限量/kg
上货舱	600
前下货舱	600
后下货舱	600
散货舱	600
飞机上可装载总量	600

B747-400PAX

货舱	干冰装载限量/kg
前下货舱	800
后下货舱	800
散货舱	800
飞机上可装载总量	800

B747-400F/-400SF

货舱	干冰装载限量/kg
主货舱	2500
前下货舱	2500
后下货舱	2500
散货舱	2500
飞机上可装载总量	2500

B757-200

货舱	干冰装载限量/kg
前货舱	250
后货舱	250
散货舱	250
飞机上可装载总量	250

B767-200

货舱	干冰装载限量/kg
前下货舱	250
后下货舱	250
散货舱	250
飞机上可装载总量	250

B767-300

货舱	干冰装载限量/kg

前下货舱	300
后下货舱	300
散货舱	300
飞机上可装载总量	300

B777-200	
货舱	干冰装载限量/kg
前下货舱	450
后下货舱	450
散货舱	450
飞机上可装载总量	450

注：没有通风的货舱内禁止同时装载干冰和活体动物；有通风的货舱内活体动物的装载位置必须高于干冰的位置，且不能相邻；装载干冰时，不能挡住货舱内的通风口。

2.干冰不得与活体动物相邻

干冰对活体动物存在两种危险性：一是放出二氧化碳气体，使动物窒息；二是降低周围温度，使动物处于低温环境。所以，干冰不得与活体动物相邻。

3.注意货舱内的二氧化碳浓度

飞机在经停站着陆时，都应打开舱门，以利于空气流通，降低货舱内的二氧化碳浓度。如果需要装卸货物，必须待货舱内空气充分流通后，工作人员才能进入货舱进行装卸作业。

三、鲜活易腐货物装载

鲜活易腐货物是指在一般运输条件下，因温度、湿度、气压的变化或地面运输时间等原因，易死亡或变质腐烂的物品，如虾、蟹、花卉、水果、蔬菜、沙蚕、活赤贝、鲜鱼、树苗、蚕种、种蛋、乳制品、冷冻食品、药品、血清、疫苗、人体白蛋白、胎盘球蛋白等。此种货物一般要求在运输和保管中采取特别的措施，如冷藏、保温等，以保持其鲜活或不变质。下面介绍三种常见的鲜活易腐货物处理的特殊要求。

（一）水果、蔬菜和鲜花的装载要求

一是，装载时应避免污染其他货物。

二是，装在集装板上的水果、蔬菜和鲜花应保持通风。

三是，避免将水果、蔬菜和鲜花放在阳光暴晒或寒冷的地方。

四是，多层码放时不宜过高，避免底层货物受损。

五是，水果、蔬菜和鲜花应远离热源。

六是，水分较大的水果和蔬菜之间应留有足够的间隔。

七是，鲜花与水果不能装在同一集装器或同一散货舱内。

（二）种蛋的装载要求

一是，装载时应参阅"货物配装禁忌表"，如种蛋应远离毒性物质、传染性物质、活体动物、尸体、干冰、放射性物质。

二是，避免高温、低温和太阳暴晒。

三是，车辆颠簸可能造成种蛋破损，在仓库与停机坪之间进行地面运输时应注意保护好种蛋。

（三）人体活器官和新鲜的人体血液的装载要求

一是，装载时远离毒性物质、传染性物质、放射性物质。

二是，以最早的航班运输。

三是，此类货物当中的有些物品需要在运输途中给予保温或冷藏，应特别注意其需要的存储温度范围。

四、活体动物装载

活体动物指活的鱼类、鸟类，以及实验用动物等。

IATA出版的《活体动物规则》（Live Animals Regulations，LAR），涵盖了活体动物运输的各项内容，如包装种类，以及操作和仓储标准等，目的是保证活体动物安全到达目的地。活体动物的装载要求如下。

（一）一般要求

一是，装卸活体动物时应严格按照IATA《活体动物规则》（LAR）中的规定进行操作。

二是，装卸活体动物时须谨慎，以确保动物和人的健康与安全。

三是，装卸作业过程中，应始终保持活体动物包装处于平稳状态。特别是卸下装在宽体飞机散货舱的活体动物时，尽量不要直接使用传送带，应从舱门卸下，避免动物因身体站立不平衡从传送带上摔下。

四是，应避免污染其他货物。

（二）隔离要求

一是，要根据动物习性进行隔离。活体动物喜欢光线较暗的环境时，一般将其放置在光线较暗、安静、阴凉处。不可在高温、寒冷、降雨等恶劣天气时露天存放活体动物。

二是，装活体动物的容器与其他货物之间应有一定的隔离距离以保证通风。

三是，互为天敌的动物、来自不同地区的动物、发情期的互为异性的动物不能存放在一起。动物不能与食品、放射性物质、毒性物质、传染性物质、灵柩、干冰等放在一起。

四是，实验动物应与其他动物分开存放，避免交叉感染。

五是，如果货物的外包装上没有专门要求或提示，在运输、仓储期间不得随意给动物喂食、喂水。

六是，经常存放动物的区域应定期清扫，清扫时应将动物移开。

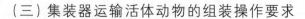

（三）集装器运输活体动物的组装操作要求

一是，活体动物不能与毒性物质、传染性物质、放射性物质、干冰等装入同一集装器。

二是，除专用集装箱外，不能将动物（不含冷血动物）装在集装箱中运输。装在集装板上运输的动物不能加盖苫布，防止动物窒息。

三是，即使在具有通风系统的货舱内，集装板上装载批量较大的活体动物时，也应保证同一层包装件的四周具有足够的空间通风。除使用四面通透的铁笼作为活体动物的外包装外，其他材质包装件的前后或左右两个对应侧面之间的间隔距离至少应为 10 cm，以保证空气流通。上下层之间的包装件可以交错码放。

四是，应使用保护性固定材料，如集装网罩进行固定。集装器底板或飞机散货舱地板上须加垫塑料布等防水材料，以防止动物的排泄物（尿液和粪便）溢出，污染集装器和货舱。

（四）装机注意事项

一是，应将活体动物装在具备通风和温度调节系统的货舱内。各种动物的适宜温度见表 5-19。

飞机货舱装载

表 5-19　活体动物适宜温度

动物种类		温度范围/℃	备注
家养动物	猫（Cat）	7—24	
	狗（Dog）	10—27	
	松狮犬（Snub nosed dog）	10—19	
	兔子（Rabbit）	10—21	
	小牛（Calf）	12—25	
	肉牛（Beef cattle）	−8—25	
	乳牛（Dairy cattle）	−5—23	
	山羊（Goat）	0—25	
	马（Horse）	10—19	
	断奶的猪仔（Weaner pig）	20—26	
	成猪（Grower pig）	12—22	
	怀孕的母猪（Sow pregnant pig）	15—22	
	绵羊（Sheep）	5—20	
	一日龄鸡雏（Day-old chick）	14—23	
	肉鸡（Chicken）	0—21	
	小鸭子（Duckling）	15—23	
	鸭子（Duck）	10—29	
	小鹅（Gosling）	15—23	
	鹅（Goose）	10—29	
	一日龄野鸡雏（Day-old pheasant）	15—24	

续表

动物种类		温度范围/℃	备注
家养动物	土耳其幼禽(Turky poult)	15—23	
	土耳其马(Turkish horses)	5—19	
野生动物	匈牙利鸟(Hungarian birds)	18—29	
	澳洲野狗(Dingo)	7—29	
	山狗(Coyote)	2—29	
	浣熊(Racoon)	4—27	
	棕熊(Brown bear)	4—29	
	獾(Badger)	4—24	
	沙鼠(Gerbil)	10—32	
	跳鼠(Jerboa)	10—32	
	非人类的成年灵长类动物(Non-human adult primates)	21—32	
	非人类的幼年灵长类动物(Non-human juvenile primates)	27—29	
	北美负鼠((North american opossum)	16—29	
	北美豪猪(North ameriuan porcupine)	4—24	

注:动物最适宜的温度受动物年龄、种群、繁殖、换皮毛季节等因素影响。

二是,对于进入我国的活体动物,在到达我国前的运输过程中不得与不同种、不同产地、不同托运人或收货人的活体动物相互接触或装在同一货舱内。

三是,互为天敌、来自不同地区的动物、发情期的异性动物不能装在同一货舱内运输。

四是,活体动物不能与食品、放射性物质、毒性物质、传染性物质、干冰等放在同一散货舱内运输。

五是,有不良气味的小动物,除少量供实验用的猴子、兔子、豚鼠,以及会发出叫声的家禽等外,其他的有不良气味的小动物不能装在 B747-400COMBI 型飞机的主货舱。

六是,装在散货舱内的活体动物应被固定。

七是,装卸时间应尽可能接近飞机起飞或到达时间。

八是,活体动物装机后应填写"特种货物机长通知单"(NOTOC),航班起飞前通知机长。"特种货物机长通知单"中应注明所装动物的适宜温度范围。

九是,如果航班发生延误,需将动物卸下货舱通风时,不可将动物放在机坪上。

十是,货舱内经常存放动物的区域应定期清扫。

五、其他特种货物装载

(一)贵重物品

凡交运的一批货物中,含有下列物品中的一种或多种的,称为贵重物品。

一是,毛重每千克运输声明价值超过或等于1000美元(1美元≈7.16元人民币)的国际货,以及超过或等于2000元人民币的国内货。

二是,黄金(包括提炼和未提炼过的金锭),以及各种形状的黄金制品,如金粒、金片、金粉、金绵、金线、金条、金管、金环等;铂(白)金类稀有贵重金属(钯、铱、铑、钌、锇)和各种形状的铂金制品,如铂粒、铂棒、铂锭、铂片、铂条、铂网、铂管等。但上述金属,以及合金的放射性同位素不属于贵重物品,而属于危险品,应按危险品相关规定处理。

三是,合法的银行钞票、有价证券、股票、旅行支票和邮票等。

四是,钻石(包含工业钻石)、红宝石、蓝宝石、绿宝石、蛋白石、珍珠(包括养殖珍珠),以及镶有上述钻石、宝石、珍珠的饰物等。

五是,金、银、铂制作的饰物和表。

六是,珍贵文物(包括书、字画等)。

贵重物品的装载要求如下。

第一,根据中国民航局规定,所有货物包括贵重物品不允许装在客舱或驾驶舱,只能装在货舱中运输。

第二,贵重物品在宽体飞机上运输时,只能使用带金属门的集装箱。装箱时必须有三人同时在场作业。集装箱组装完毕后必须按规定关好箱门,使用铅封封口。

第三,规定范围以外的贵重物品可以使用集装板运输,与其他货物混装时,应将贵重物品装在便于操作人员监控的明显位置上。

第四,贵重物品装在非宽体飞机的货舱中运输时,应装在货舱内明显的位置上。与其他货物混装时,不得被其他货物覆盖。

第五,贵重物品装机后,装机站必须派监装人员在飞机下面监护至飞机开始滑行。

(二)超大超重货物

超大货物一般是指需要一个以上集装板装载的货物,这类货物的运输需要特殊处理程序,以及特殊装卸设备。超重货物是指每件超过150 kg的货物,但最大允许货物的重量主要取决于飞机机型(地板承受力)、机场设施,以及飞机在地面停站的时间。

超大超重货物又称超限货物,常见的有汽车、飞机发动机、大型机器设备、钢材等。

超大超重货物的装载规定如下。

一是,非宽体机上承运超限货物每件重量可放宽至150 kg,但在安-24、运-7飞机上禁止承运超过120 kg的货物,在宽体机上承运超限货物,应请示值班经理。

二是,超限货物运输必须订妥舱位。

三是,超限货物应尽量装在集装器的中间位置,如果未超过集装箱容积的2/3,且属于重货,则必须固定。

四是,承运超限货物时,所需垫板等装卸设施应由托运人提供,并按普货计费。

(三)灵柩运输装载要求

一是,灵柩必须远离动物和食品。

二是,灵柩尽量装载在集装板上。

三是,灵柩必须在旅客登机前装机,在旅客下机后卸机。

四是,散装时,灵柩不能与动物装在同一货舱内。

五是,灵柩只可以水平放置,不可以直立放置或侧放。

六是,运送过灵柩的飞机或设备,应进行消毒后才能继续使用。

七是,装机前或卸机后,灵柩应停放在僻静地点,如果条件允许,应加盖苫布,与其他货物分开存放。

八是,装在飞机散货舱内运输的灵柩,装机时应尽量避免与其他货物混装在一个货舱内。

九是,单独装载的灵柩应当单独捆绑限动。

十是,灵柩与其他货物组装在一个集装器上运输时,应注意:灵柩的上面不能码放木箱、铁箱,以及单件重量较大的货物;灵柩不能与动物、鲜活易腐货物、食品装在同一集装器内;需要在灵柩上面装货时,灵柩的表面与货物之间应使用塑料布或其他软材料间隔,以防损坏灵柩。

十一是,分别装有灵柩和动物的集装器,装机时中间应至少有一个集装器的间隔。

十二是,灵柩在地面停留或待运期间禁止无关人员围观或议论。

✈ 任务实施

特种货物运输可以为航司带来较高的收益,然而收益和风险是同生同长的,即高收益也意味着高风险。因此,每个航司对特种货物运输都有严格的规定和操作规章、规范。特种货物的装载作为空中运输服务前地面服务的最后一个环节,其正确、规范的操作对飞机安全飞行至关重要。本着"安全第一"的原则,装载特种货物前学生需要学习特种货物的分类、每一类货物的装载规定。具体分析如下。

(1)特种货物就是在装、运、卸等全过程都需要特殊照顾的货物。就本任务而言,根据特种货物的定义和分类可以发现,行李中的活狗和干冰都属于特种货物。其中,活狗属于活体动物,干冰属于危险品中的第九类杂项危险品。

(2)执行本次航班任务的机型是A320,该机型的货舱一般有4个,分别是前货舱1舱、后货舱3舱、4舱和5舱,舱门在1舱、4舱和5舱,但5舱的舱门很少打开。查表5-18可知,该机型可以运输干冰,且可以将它们放在后货舱运输。活狗属于活体动物,一般独立放在散舱运输,即5舱。根据特种货物装载规定,一般活体动物和干冰不放在同一舱位。

(3)根据表5-18,该机型可以在后货舱装运特种货物,具体承运的数量要根据各航司的具体规定执行。

(4)填写装机单。

根据任务内容,本次航班装机单的具体填制步骤如下。

第一,在ADDRESS栏内填写:CANTZJD。

第二,在ORIGIN栏内填写:PEKTZJD。

第三,在FLIGHT N°栏内填写:JD121B。

第四,在A/G REG栏内填写飞机号:B2778。

第五,在DATA栏填:11AUG15。

第六,根据任务要求,在Departure栏内填写货、行、邮的具体装载情况。注意特种货物代码的标注和填写。A320装机单填制示例,如图5-28所示。

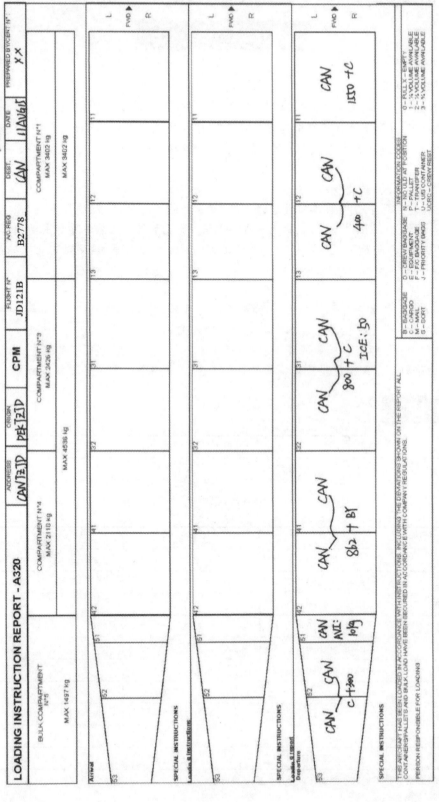

图5-28 A320装机单填制示例

项目五

飞机货舱装载

Completed by: XX Issue N°: (Signature) Date: 11/08/2015

143

■ **职业理想课堂(红线思维抓安全,防患未然是关键)**

按章作业,安全放心中

(一)案例内容

2020年7月,某航司A—B—C航班,飞机号B1267,在B过站,只有305 kg的行李,无出港货物,故制作装机单时将行李全部安排在4舱(即在装机单上1、2、3舱均为空),装卸员误以为B1267飞机的货舱布局为1、4舱型,将原本安排在后舱4舱的行李共305 kg装在3舱位置。

发现问题后,配载员按照调舱后的数据重新制作舱单。此时飞机已经滑出,工作人员联系机场现场指挥中心协助通知机组,但未能联系到机长。随后,配载员重新制作了第二份舱单,并通过ACARS发送至飞机上。ACARS系统显示第二份舱单发送成功,但发送后未收到机长确认,此时飞机已经起飞。飞机在巡航时与机组联系,确认机组已收到第二份舱单,航班正常落地目的地机场。

(二)案例总结

配载单位未能第一时间通知机组,如果机组使用第一份舱单数据,存在一定安全隐患。相关单位在舱单发生变化时应确保能够及时通知到机组。

装卸人员未能领会装机单的装机意图,对货舱不熟悉,无法正确区分1、4舱,未了解1、2、3、4舱的布局。配载人员应确认装机单的合理性,确保装卸人员能够正常执行。

 **任务练习**

任务书			

一、任务描述

HU121U航班,PEK—CAN,由B7088执行,旅客234/1/0,行李125 pcs/1488 kg,货单内容如下(重量已含板重)所示。

序号	序列号	重量/kg	英文缩写
1	AKE60649HU	530	C
2	AKE60972HU	715	C
3	PMC30022HU	1620	C
4	PMC30024HU	1760	C
5	PMC30058HU	1330	C
6	PMC30119HU	1935	C
7	PMC30192HU	1375	C
8	PAG30121HU	1000	C
9	AKE60765HU	570	C
10	AKE60278HU	480	C

注:1.AKE箱自重96 kg;2.1个AKE箱最多可放45件行李。

A330装机单,如图所示。

天津航空 Tianjin Airlines

A330-243 LIR01

LOADING INSTRUCTION REPORT - A330-243

	ADDRESS	ORIGIN		CPM	FLIGHT N°	A/C REG	DEST.	DATE	PREPARED BY/CERT N°:

BULK COMPARTMENT N?	COMPARTMENT N? MAX 10206 kg	COMPARTMENT N? MAX 10206 kg	COMPARTMENT N? MAX 10206 kg	COMPARTMENT N? MAX 13380 kg

MAX 3468 kg

MAX 15241 kg

MAX 18869 kg

Arrival

L FWD R

11 · 11

12 · 12P

13 · 13P

14 · 14

21 · 21P

22

23 · 22P

31

32 · 31P

33 · 32P

41 · 41P

42

43 · 42P

51

52

53

SPECIAL INSTRUCTIONS

Loading instructions

L FWD R

11 · 11

12 · 12P

13 · 13P

14 · 14

21 · 21P

22

23 · 22P

31

32 · 31P

33 · 32P

41 · 41P

42

43 · 42P

51

52

53

SPECIAL INSTRUCTIONS

Loading report

Departure

L FWD R

11 · 11

12 · 12P

13 · 13P

14 · 14

21 · 21P

22

23 · 22P

31

32 · 31P

33 · 32P

41 · 41P

42

43 · 42P

51

52

53

SPECIAL INSTRUCTIONS

THIS AIRCRAFT HAS BEEN LOADED IN ACCORDANCE WITH INSTRUCTIONS, INCLUDING THE DEVIATIONS SHOWN ON THE REPORT ALL CONTAINERS/PALLETS AND BULK LOAD HAVE BEEN SECURED IN ACCORDANCE WITH COMPANY REGULATIONS.

PERSON RESPONSIBLE FOR LOADING

		INFORMATION CODES	
B – BAGGAGE	D – CREW BAGGAGE	N – NO ULD AT POSITION	0 – FULL X – EMPTY
C – CARGO	E – EQUIPMENT	P – PALLET	1 – ¼ VOLUME AVAILABLE
M – MAIL	F – F/C BAGGAGE	T – TRANSFER	2 – ½ VOLUME AVAILABLE
S – SORT	J – PRIORITY BAGS	U – U/S CONTAINER	3 – ¾ VOLUME AVAILABLE
		UCRC – CREW REST	

145

二、任务要求

1.请合理安排装运行李的集装箱。

2.请填写装机单。

3.如果行李中有1件是一条活狗,体重15 kg,请填写装机单。

三、任务分工

班级		组号		授课教师	
组长		学号			

组内成员

姓名	学号	问题1	问题2	问题3

四、任务实施

评价反馈

小组代表陈述后,由各位同学和老师进行打分评价,并由老师进行最终点评,评价反馈表,如表5-20所示。

表5-20　任务结果评价反馈表

组号	评价内容		
评价人	问题1	问题2	问题3

项目六 / 填制载重平衡图

任务一　认识载重平衡图

任务目标

【知识目标】

(1)了解载重平衡图的组成。

(2)了解载重平衡图制作要求、流程和复核标准。

(3)理解载重平衡图数据"三相符"原则。

【能力目标】

学会收集航班载重平衡数据。

【素质目标】

通过实际工作案例,学生要学习做事一丝不苟、追求极致,并立足岗位,勇于创新和探索,践行民航"三个敬畏"精神。

任务背景

小张是某航空股份有限公司刚入职的配载员,王主管是小张的师父,负责教小张绘制手工载重平衡图。载重平衡图是飞机重心位置的计算图表,也是民航运输的重要业务文件。绘制载重平衡图是每个配载平衡工作人员必须掌握的基本功。王主管给了小张以下航班信息(见表6-1)。

表6-1　航班信息表

日期		2022-08-02
航班号		G5278X
航线		见放行报
业载信息	PAX	80.2.1
	BY	300 kg
	C	200 kg
	M	100 kg
	BW	22256 kg
	BI	60.82

147

放行报文如下所示。

CLR
G5278X/0635Z CRJ900 B608W
CREW：SARA JO BARTLETT/MA YIBO/ZHOU JIAXIAO/SCOTT
DEP：CKG DEP ALTN：NIL RTE ALTN：NIL
DEST：KWL ALTN：KWEKMG
TRIP FUEL：3875KG TAKE OFF FUEL：6700KG TOTAL FUEL：6900KG
CREW NUMBER：2/3/2
SI：MTOW：37500 KG

 任务要求

根据上面的信息，小张需要完成以下任务。

（1）通过查找资料，了解载重平衡图的组成、制作要求和制作流程。

（2）通过案例体会数据收集原则和载重平衡图复核标准。

（3）会在老师的指导下，收集航班载重平衡图所需要的数据。

 知识链接

载重平衡图是民航运输的重要业务文件，由载重表和平衡图两部分组成。其中，载重表是记录航班业务载重情况，以及供航班各有关站之间进行业务处理的文件，也是运输部门与空勤组之间办理业务交接手续的凭证；平衡图是载重平衡人员填制的表明旅客、货物、行李、邮件的装载情况，以及飞机重心位置的图。能绘制载重平衡图是每个载重平衡工作人员的基本功。绘制载重平衡图前，学生需要掌握以下内容。

一、载重平衡图的制作要求

载重平衡图的制作要求主要有以下三点。

一是，载重平衡图应反映该航班航空器全部的、准确的数据和装载情况。

二是，载重平衡图制作完成后应由载重平衡图制作人签名，并对载重平衡图的准确性负责。签名后的载重平衡图要由工作人员在航班起飞前提交给机组，交由机长签名、核实和确认。

三是，对于计算机载重平衡系统制作的载重平衡图，电子签名应符合相关规定的流程和许可，规范的电子签名与手工签名具有同样的效力。如通过ACARS或电子飞行包（EFB）传递电子舱单，机长按规定的应答与签字等效。

二、载重平衡图的制作流程

载重平衡图的制作过程主要有六步，即准备航班数据信息、制定装载方案、填写装机通知单、客舱装载方案的实施控制、货舱装载方案的实施控制和飞机的重量和重心的控制。具体分析如下。

（一）准备航班数据信息

核实航班号、飞机号；了解旅客预报人数、机组人数、天气信息；选用适用型号的载重平衡图表；修正空勤组人员、随机物品、服务设备，以及供应品、附加设备等增减的重量。

（二）制定装载方案

对应定座旅客舱位等级，按照飞机座位布局表预配旅客分布在OA、OB、OC等前、中、后座位区域，得到旅客座位分配方案；将货物、邮件和预计的托运行李预配到各货舱，得到预计的各货舱载重量；模拟出预计的飞机重量和重心位置；检查飞机的重量和重心位置是否处于允许范围内。

（三）填写装机通知单

根据货运部门提供的货物、邮件数据和托运行李预计重量，按照货舱装载方案填写装机通知单，交装卸部门实施货舱装载。

（四）客舱装载方案的实施与控制

值机部门按照座位控制，根据飞机性能特点和预售情况安排座位分配方案，安排旅客座位；值机部门依据运输条例，检查和控制旅客手提行李，为旅客办理行李托运手续，并记录托运行李的准确重量；载重平衡员监控座位分配情况，并根据飞机重心位置的变化合理调整客货舱装载方案，并通知值机部门或装卸部门。

（五）货舱装载方案的实施与控制

装卸部门依照装机通知单，按照装卸管理规定实施货舱装载；装卸部门应核准各货舱装载重量，并准确反馈给载重平衡部门；如货舱装载方案发生改变，装卸部门应将其准确反馈给载重平衡部门；载重平衡员应监控航班装载作业进程，根据飞机重心位置变化合理调整装载方案。

（六）飞机的重量和重心的控制

载重平衡员在装载方案实施过程中，应控制飞机的重量和重心位置使其处于允许范围内。发现超重或失衡时，载重平衡员要合理调整货物、邮件、行李载量或舱位分布和(或)座位区域分布，并通知值机部门或装卸部门调整实施。

三、载重平衡图数据"三相符"原则

载重平衡图里的装载量以及它们的实际装载分布，应使航空器实际重量和重心都在允许包线范围内。同时，载重平衡图里的数据要做到"三相符"，即重量相符、装载相符和单据相符。"三相符"原则，具体见表6-2。

表6-2 "三相符"原则

重量相符	载重表、载重电报上的基本重量与任务书相符； 载重表、载重电报上各项重量与舱单相符； 货邮单、装机单等各项单据重量与舱单、载重表相符
装载相符	出发、到达、过站旅客人数与舱单、载重表相符； 各类货物的件数、重量与舱单、载重表相符； 飞机上各个货舱的实际装载与舱单、载重表相符
单据相符	装载在业务文件袋内的各种运输单据与舱单、载重表相符

四、载重平衡工作复核原则

载重平衡是民航运输地面安全保障中较重要的一项工作。因此,配载员在制作载重平衡图时,要严格落实"双复核"原则,具体内容有两个:一是每项载重平衡工作应该由至少两人完成,并执行交叉检查;二是没有经验或未经过培训的人员进行的所有工作,都需要在取得资格认证人员的监督下进行。

任务实施

本着准确完成载重平衡图制作这一基本要求,根据制作相关要求,完成相应流程,以严谨、细致、认真的工作作风顺利完成工作。具体包括以下内容。

一、查找并收集飞机的基本数据

根据航班号G5-278X,小张找到对应的机型是CRJ900。CRJ900飞机是由世界三大飞机制造商之一的加拿大庞巴迪宇航集团提供的民用支线喷气飞机。该机型在某航空的客舱座位布局(销售)为C3B4Y82,该机型是CRJ系列机型中较大、较新的成员。图6-1为停在机坪上的CRJ900,图6-2为CRJ900飞机的组成展示。CRJ900飞机长36.24米,高7.34米(飞机的几何数据见表6-3),满载航程是3000千米,最大起飞重量为38329千克,最大着陆重量为34065千克,最大无油重量为32092千克(飞机的性能数据见表6-4)。

图6-1　停在机坪上的CRJ900　　图6-2　CRJ900飞机的组成展示

表6-3　飞机的几何数据

飞机长(前机头至垂直尾翼尖)	36.24 m(118 ft 10.7 in)
飞机高	7.34 m(24ft 1 in)
翼展	24.85 m(81ft 6 in)
机身宽(直径)	2.69 m(8ft 10in)
机门宽	0.91 m(3 ft 0 in)
机门至地面的高度	1.90 m(6 ft 3 in)
平均空气动力弦长	3.3829 m
发动机距地面的高度	2.89 m(10 ft 7 in)

表 6-4　飞机的性能数据

满载航程	3000 km
最大停机坪重量	38555 kg
最大起飞重量	38329 kg
最大着陆重量	34065 kg
最大无油重量	32092 kg
最大载油量	8887 kg

二、查找并收集CRJ900客货舱承载限制数据

通过手册等资料查找CRJ900的客舱和货舱布局及其承载限制数据,为填制载重平衡图做准备。

（一）客舱布局

某航空的CRJ900座位布局为C3B4Y82,可以安排89名乘客。CRJ900客舱布局示意图,如图6-3所示。

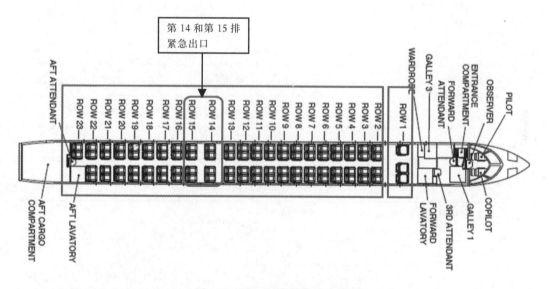

图 6-3　CRJ900客舱布局示意图

其中,第1排为C舱;第2排为B舱(尊享经济舱);第3—23排是 Y 舱(经济舱),Y舱共22排,每排4个座(第23排2个座)。

（二）货舱布局

CRJ900飞机的客舱和前后货舱都是有氧的、增压的舱。其中,后货舱可以调节温度,可以装运活体动物;前货舱不能调节温度,不能装运活体动物。CRJ900货舱布局示意图,如图6-4所示。

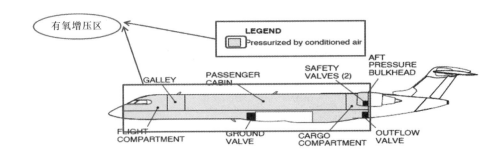

图 6-4　CRJ900 货舱布局示意图

　　表 6-5 和表 6-6 是 CRJ900 前货舱地板承受力和后货舱地板承受力的参数。其中,前货舱有 A 区和 B 区,A 区和 B 区的最大载量均为 385.55 kg,共计 771.10 kg。前货舱的地板最大承载重量为 146.5 kg/m²,前货舱总面积为 8.126 m²;后货舱有 A 区、B 区、C 区和 D 区,总载量为 1496.85 kg,后货舱的地板最大承载重量为 366.2 kg/m²,后货舱的总面积为 5.2312 m²。

表 6-5　前货舱允许的地板装载

区域	每个区域的最大承载重量		货舱底板最大装载量		机身结构最大载荷		Xarm CG		面积		容积	
	lb	kg	lb/ft²	kg/m²	lb/ft	kg/m²	in	m	ft²	m²	ft³	m³
A	850.0	385.55	30	146.5	68.7	102.2	527.3	13.39	43.73	4.063	78.000	2.209
B	850.0	385.55	30	146.5	68.7	102.2	676.8	17.19	43.73	4.063	78.000	2.209
总量	1700.0	771.10	30	146.5	68.7	102.2	602.0	15.29	87.47	8.126	156.000	4.418

表 6-6　后货舱允许的地板装载

区域	每个区域的最大承载重量		货舱地板最大承载		机身结构最大承载		Xarm CG		面积		容积	
	lb	kg	lb/ft²	kg/m²	lb/ft	kg/m²	in	m	ft²	m²	ft³	m³
A	83	37.70	75	366.2	500	744.1	1147.3	29.14	1.400	0.1300	8.31	0.235
B	64	29.22	75	366.2	500	744.1	1147.3	29.14	1.084	0.1007	6.44	0.182
C	1737	787.77	75	366.2	500	744.1	1176.7	29.89	30.791	2.8605	173.67	4.918
A +B+C	1884	854.69	75	366.2	500	744.1	1174.4	29.83	33.274	3.0912	188.43	5.336
D	1416	642.16	75	366.2	500	744.1	1225.4	31.12	23.035	2.1400	141.57	4.009
总量	3300	1496.85	75	366.2	500	744.1	1196.3	30.39	56.309	5.2312	330.00	9.345

三、严格遵循数据收集原则和载重平衡图复核标准

制作载重平衡图的数据要严格遵循"三相符"原则,即重量相符、装载相符和单据相符。在载重平衡图制作完成后,要遵循"双复核"原则,以免出现因数据错填、漏填等问题,对飞机飞行安全造成隐患。

飞机的载重与平衡是影响飞行安全的重要因素。长期以来,很多航班不安全事件或事故征候都是飞机的载重平衡出现错误导致的。

载重平衡数据体现在配载舱单中,舱单中的各项数据,比如飞机的航班号、飞机号、重量、油量,以及机组人数、旅客分布、货舱装载数据等,都要确保百分之百的准确性,这些最终都会影响飞机的重心。重心直接影响机组的操作和飞行安全。载重平衡数据对飞行安全的重要性可以从以下案例获得启发。

(一)舱单过站人数与实际过站人数不符

2022年2月,PN62XX(A站—B站—C站)航班在B站过站。航班开舱后,机组指示过站旅客下飞机,地服人员在和乘务人员核对过站旅客人数时发现多了2人(舱单显示45人,系统显示47人),经地服人员扫描登机牌,过站旅客确定为系统显示的47人。

经初步调查,原因是A站出港时,在截载后,临时减去4名旅客。其中,A站—B站减去3名旅客;A站—C站减去1名旅客。配载员实际录入为A站—B站减去1名旅客,A站—C站减去3名旅客。

(二)备注信息特殊字符无法识别导致舱单发送失败、航班晚点

某年12月,某航空公司A6XXXX执行(A站—B站)飞行任务,A机场配载人员多次上传舱单失败,ADCC舱单上传系统均显示错误代码701,A机场配载人员随即联系机组重启ACARS设备后重新上传舱单,系统仍显示上传失败,错误代码701,后人工送单,导致航班晚关舱门8分钟。

后经核实,错误代码701含义为:舱单中存在特殊字符无法被ACARS系统识别。经查,A机场配载员当日在LMSD备注信息中录入"·AOG_1/23KGS_LOD_IN_4HD",多录入一个"·",该字符无法被ACARS系统识别,导致舱单上传失败。

经过学习上述载重平衡风险案例,我们发现,由于配载员在制作载重平衡图时,没有严格按照规章进行作业,存在工作作风不严谨、责任心不强、未严格核对数据信息的问题,进而影响飞机飞行安全。可见,作为一名优秀的配载人员不仅要有过硬的业务技能,还要有高度的责任心,更要具备细心、严谨、专业、负责任的工作态度。

配载员的工作不能有一丝一毫的麻痹大意。配载员需要反复核对基本数据,严格落实配载"双复核"、数据"三相符"制度。同时,配载人员还要加强与各岗位间的信息沟通和核

填制载重平衡图 项目六

实,确保信息传递的及时性和准确性,降低人为因素造成的风险。这些风险不可预估,配载员要深知失之毫厘、谬以千里,以及安全生产"零容忍"的重要性。

■ **职业理想课堂**

"这份职业既是理想,也是荣光!"——金鹏航空党员配载员王骏麟

王骏麟是金鹏航空的一名航班配载员,也是一名基层党员。他在一线岗位上默默坚守了十多年。每一班航班的平安起落,每一批货物的安全运抵,每一位旅客的平安到达,背后都有一线配载员的身影,其中就有王骏麟。

2020年春节,国内新冠疫情处于暴发期,上海浦东国际机场防疫形势严峻,口罩和各类防疫物资供应紧张。配载平衡中心的工作环境又在机场内的高风险区域,王骏麟率先带头发动同事们一起从家里带了消毒液、酒精、口罩等防疫物资,并和配载同事们每周两次对办公室进行消毒作业,为大家营造了安全卫生的工作环境。

由于防控需要,有些休假的同事未能及时返沪,所以配载值班人手比较紧张。王骏麟一直坚守岗位,主动申请调班,解决了值班人员短缺的问题。"越是人员紧缺的情况下,作为一名党员,越是应该身先士卒,坚守岗位!"

疫情期间,王骏麟多次参与到抗疫救灾包机任务中,为航班提供了准确无误的舱单数据,夜以继日地坚守,出色完成了Y87901浦东到武汉包机舱单制作任务。在前线物资缺乏的时候,他协同货运团队向武汉运送物资近20吨。随后,Y87902又运送物资约12.7吨抵达三亚凤凰国际机场。在疫情期间,所有的抗疫物资运输任务都离不开配载员兢兢业业的坚守,以及对数据一丝不苟的复核确认。

王骏麟说:"民航这份职业,既是我的理想,更是一份平凡的荣光。"

 **任务练习**

任务书

一、任务描述

2021年春运,某航空公司有一架从国外飞回北京的航班,在途中备降在第三国际机场,但该机场不是某航的通航点,旅客下飞机后还需要重新登机。这种情况需要北京的配载员重新制作载重平衡图。但麻烦的是,备降机场没有该航空公司该航班的具体信息,配载又远在北京,本着保障航班安全飞行的原则,北京的配载员"遥控"机组,请他们帮忙查看客舱哪排到哪排有多少位旅客,然后根据机组的反馈信息重新制作了载重平衡图,并在30分钟内重新制作了一份舱单,保障了航班重新安全起飞。

二、任务要求

1.谈一谈你对飞机载重平衡图的认识。
2.结合任务描述,请回答为什么北京的配载员需要重新制作载重平衡图。
3.结合任务描述,请回答作为一名配载员,我们需要具备哪些职业素养。

三、任务分工

班级		组号		授课教师	
组长		学号			

<table>
<tr><td colspan="5" align="center">组内成员</td></tr>
<tr><td>姓名</td><td>学号</td><td>问题1</td><td>问题2</td><td>问题3</td></tr>
<tr><td></td><td></td><td></td><td></td><td></td></tr>
<tr><td></td><td></td><td></td><td></td><td></td></tr>
<tr><td></td><td></td><td></td><td></td><td></td></tr>
</table>

四、任务实施

✈ 评价反馈

　　小组代表陈述后,由各位同学和老师进行打分评价,并由老师进行最终点评,评价反馈表,如表6-7所示。

表6-7　任务结果评价反馈表

组号	评价内容		
评价人	问题1	问题2	问题3

任务二　填制折线型载重平衡图

✈ 任务目标

【知识目标】

（1）了解折线型载重平衡图的特点。

（2）掌握折线型载重表和平衡图每部分的含义及填制要求。

【能力目标】

（1）能正确填制折线型载重表和平衡图。

（2）会复核指数型载重平衡图相关数据。

【素质目标】

通过实际工作案例,学生要学习爱岗敬业,部门间团结协作、互相配合,并立足岗位,勇于创新和探索,践行民航"三个敬畏"精神。

任务背景

2022年10月,由B3052号飞机(A319-115)执行GJ8009航班(HGH—XIY)飞行任务。该飞机的DOW为41586 kg,指数为53.75。舱位布局C8R18Y108,最大起飞重量为70000 kg,最大落地重量为62500 kg,最大无油重量为58500 kg。航班上有130位成人旅客和2位儿童旅客,分布情况为FWD 38人,MID 48人,AFT 46人;行李800 kg,装在1舱;货物重量为1200 kg,装在1舱。A319-115标准机组为2/6,起飞油量10000 kg,耗油7000 kg。A319-115飞机及货舱布局示意图,如图6-5所示。

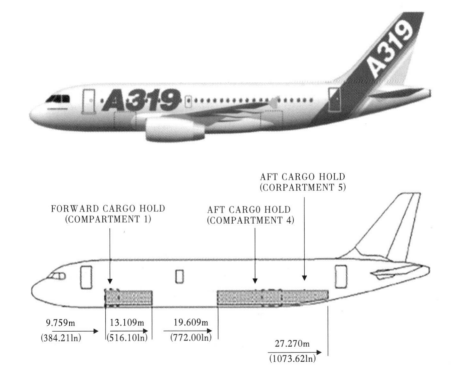

图6-5 A319-115飞机及货舱布局示意图

任务要求

请根据以上信息,完成本次航班的载重平衡图(见图6-6)的制作。

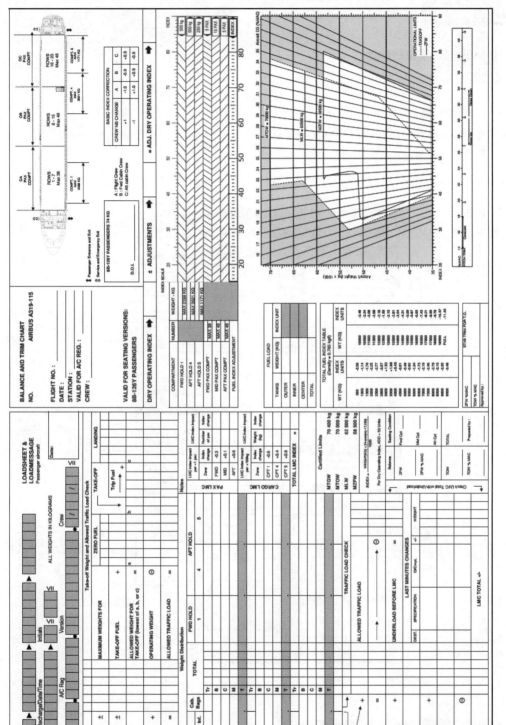

图 6-6 飞机载重平衡图

一、认识载重表

航班的载重表一般有八个部分,即表头(航班基本信息),操作重量的计算,允许业务载重量计算,各站装载信息填写,实际重量计算,最后一分钟修正,补充信息及备注,平衡与占座。飞机载重表,如图6-7所示。

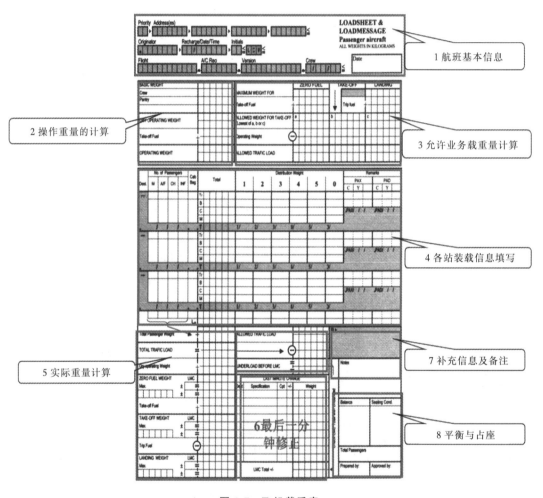

图6-7 飞机载重表

二、载重表具体栏目注释

(一)填制航班基本信息栏(Load sheet & load message)

载重表的表头是按标准载重电报的报头部分设计的,反映航班配载平衡的责任部门和

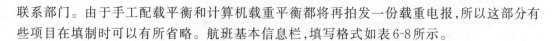

联系部门。由于手工配载平衡和计算机载重平衡都将再拍发一份载重电报,所以这部分有些项目在填制时可以有所省略。航班基本信息栏,填写格式如表6-8所示。

表6-8 航班基本信息栏

序号	条目	说明	例	备注
第一部分 航班基本信息				
1	Priority	电报等级代号	QU	
2	Address	收电单位地址7字代码。其中,前3位是收电单位所在城市或机场的三字代码;第4、5位是工作部门代码;第6、7位是航空公司二字代码	CTUTZCA	可只填写到达站三字代码
3	Originator	发电地址,其组成与收电地址相同	CANTZCZ	
4	Recharge	电报拍发的委托人(付费人),填写执行该航班任务的航空公司两字代码	3Q	
5	Date/Time	日时组	112037	采用24小时制
6	Initials	发电人代号		可以省略
7	LDM	载重电报识别代号		
8	Flight	航班号	CZ3404	
9	A/C Reg	飞机注册编号	B2923	
10	Version	飞机座位布局		
11	Crew	机组人数,如机头机组数/客舱机组数	3/5	
12	Date	制表时间	15OCT13	

(二)操作重量计算

计算操作重量的目的是修正飞机的基本重量,为计算飞机最大业载做准备。操作重量栏,具体的填写要求如表6-9所示。

表6-9 操作重量栏

序号	条目	说明	例	备注
第二部分 操作重量计算				
13	Basic weight	飞机的基本重量	32944 kg	
14	Crew/Index	增减空勤人员等重量		
15	Pantry	食品舱单外增减的厨房用品重量		
16		备用栏		
17	Dry operating weight	操作空重(修正后的基本重量),序号第13、14、15项的总和		
18	Take-off fuel	总加油量减去起飞前要用掉的油量		
19	Operating weight	操作重量,序号第17、18项的数量之和		

(三)允许业载的计算

通过最大业载的三个公式,计算本航班的最大允许业务载量。允许业务载量栏,具体的填写要求见表6-10。

表6-10　允许业务载量栏

第三部分　允许业务载量计算

序号	条目	说明	例	备注
20	Maximum weight for zero fuel	最大无油重量,填写该机型技术性能规定的最大无油重量		
21	Maximum weight for take-off fuel	最大起飞重量,填写该机型技术性能规定的最大起飞重量		
22	Maximum weight for landing	最大落地重量,填写该机型技术性能规定的最大落地重量		
23	Trip fuel	航段耗油量,即飞机从本站起飞至到达站航行耗油量		
24	Allowed weight for take-off	允许起飞重量		
25	Allowed traffic load	允许业载,填写该飞机在本航站允许起飞重量与飞机的操作重量的差值,即第24项减去第19项		

（四）各站的载量情况和总数

各站的载量和总数部分反映本次航班的具体装载情况。各站的载量情况和总数栏,具体填写要求见表6-11。

表6-11　各站的载量情况和总数栏

第四部分　各站的载量情况和总数

序号	条目	说明	例	备注
26	Dest	到达站,使用城市或机场三字代码,依次填写本站至各经停站和目的站的名称	CTU	填写三字代码
27	No. of passengers	离港旅客人数,可选格式:成人/儿童/婴儿(填b、c、d栏);男性旅客/女性旅客/儿童/婴儿(填a、b、c、d栏)	40/0/4;20/20/0/4	
28	Cab bag	客舱行李重量		可省略
29	Total tr	根据前站LDM报或舱单填写过境货、邮、行等总重		有集装设备的飞机,此栏也用于填集装器的自重
30	Total b	行李总重量		
31	Total c	货物总重量		
32	Total m	邮件总重量		
33	Total t	某到达站货、邮、行重量小计(29—32项总和)		
34	Distribution weight	各个舱位装载分布(包括过境和本站始发)		

第四部分　各站的载量情况和总数

序号	条目	说明	例	备注
35	Distribution weight	各舱位装载重量小计		
36	Remarks	备注栏		
37	Pax	旅客(过境)舱位等级总人数		
38		旅客(出发)舱位等级总人数		
39	.pax/	旅客占座情况(第37、38项之和)		
40	Pad	可拉下旅客(过境)舱位等级		
41		可拉下旅客(出发)舱位等级		
42	.pad/	可拉下旅客占座情况		
43		附加备注		
44		旅客总数		
45		客舱行李总数		可省略
46		货、邮、行重量总计		
47		各舱位全部装载总计		
48		各等级占座旅客总数		
49	Total passenger weight	旅客总重量		
50	Total traffic load	实际业载		
51	Underload	剩余业载(在LMC之前)		不少航空公司按不同机型,分别规定了剩余业载大于0的最小值,防止因隐载等因素造成航班超载

(五)实际重量数据计算

实际重量数据包括实际无油重量、实际起飞重量、实际落地重量。实际重量数据计算栏用于计算本次航班的实际无油重量、实际起飞重量、实际落地重量的数据。实际重量栏,具体的填写要求见表6-12。

表6-12　实际重量栏

第五部分　实际重量数据的计算

序号	条目	说明	例	备注
52	Zero fuel weight	实际无油重量,第17、51项之和		
53	Take-off weight	实际起飞重量,第18、51项之和		
54	Landing weight	实际落地重量,第54项减去第23项		

(六)最后一分钟修正

最后一分钟修正(LMC)是指,在舱单制作完成航班起飞前可以不重新制作舱单的少量调整,含少量的燃油变化、机组变化、旅客和行李的变化、装载货物的变化、邮件的变化等。这些重量和件数(或数量)若有调整,应将相关的调整信息补充到舱单的备注栏,确保信息通知到载重平衡相关人员和机长,由机长签名、核实和确认。

当载重表完成后,又有加运或减载的旅客或货物等时,需要在最后一分钟修正栏填写。如最后一分钟修正的量在航空公司限制的范围内,可在此栏目增减;当修正的量超过限制,则需要重新制表。LMC栏具体的填写要求见表6-13。

表6-13 最后一分钟修正(LMC)栏

第六部分 最后一分钟修正(LMC)

序号	条目	说明	例	备注
55	Dest	到达站,填写更改的载量的目的地		三字代码
56	Specification	发生变更的项目,填写增减重量的性质,比如成人、儿童、货物等		
57	CI/CPT	变更项目的等级或舱位,填写更改载量的舱位		
58	+/− Weight	变更项目的加或减,填写增加或减少的重量		
59	Weight	变更项目重量		
60	LMC total+/−	最后修正(增或减)		
61	LMC total weight	最后修正总计		
62	LMC	最后修正总计		

(七)平衡与占座情况

平衡与占座情况反映航班的平衡状态和旅客占座情况。平衡与占座情况栏,具体的填写要求见表6-14。

表6-14 平衡与占座情况栏

第七部分 平衡与占座情况

序号	条目	说明	例	备注
63	Balance	根据要求填写飞机平衡状态,如无油重心、起飞重心、落地重心,以及水平尾翼配平等		
64	Seating conditions	占座情况		
65	Total Passengers	(实际登机的)旅客总数,第45项和LMC项的合计		
66	Prepared by	制表人签字		
67	Approved by	机长签字		

(八)补充信息和注意事项

补充信息和注意事项填写本次航班需要特别说明的事项,如需要特别说明的飞机修正后的基本重量BW,修正后的基本重量指数BI,特殊物品装载重量、件数和装机位置,特殊旅客座位、行李,飞机重心偏前或偏后提示,加尾撑杆等。补充信息和注意事项栏的具体填写要求见表6-15。

表6-15　补充信息和注意事项栏

第八部分　补充信息和注意事项

序号	条目	说明	例	备注
68	SI	补充信息(自由格式),填写重要旅客(VIP)、轮椅旅客(WCHR)、担架旅客(STCR)、特种货物和需要特殊注意的事项		
69	Notes	注意事项(不需要在载重报表中显示),填写要提醒机组注意的事项		

三、绘制平衡图

(一)缩写代码含义

平衡图是航班重心位置的体现,需要通过一系列的操作才能完成平衡图的绘制。平衡图常用代码及含义,如表6-16所示。

表6-16　平衡图常用代码及含义

序号	缩写	英文	中文
1	AD	Adult	成人
2	BI	Basic index	基本指数
3	BW	Basic weight	基本重量
4	CAB	Cabin	客舱
5	CG	Center of gravity	重心
6	CH	Child	儿童旅客
7	CL	Class	等级
8	CPT	Compartment	舱位
9	DH	Dead head	不参与飞行的机组人员
10	DLI	Dead load index	固定载荷指数
11	DOI	Dry operating index	修正后的运营指数
12	DOW	Dry operating weight	修正后的使用空机重量
13	INF	Infant	婴儿
14	LITOF	Loaded index at take-off fuel	起飞油量装载指数
15	LITOW	Loaded index at take-off weight	起飞重量装载指数
16	LIZFW	Loaded index at zero fuel weight	无油重量装载指数
17	MAC	Mean aerodynamic chord	平均空气动力弦
18	MACZFW	%MAC-at zero fuel weight	无油重心
19	MACTOW	%MAC-at take-off weight	起飞重心

续表

序号	缩写	英文	中文
20	MACLAW	%MAC-at landing weight	落地重心
21	STAB SET	Stabilizer set	水平安定面配平值
22	UD	Upper deck	上客舱

（二）平衡图各项注释

图6-8为常见的折线型平衡图，其各部分含义及相关要求见表6-17。

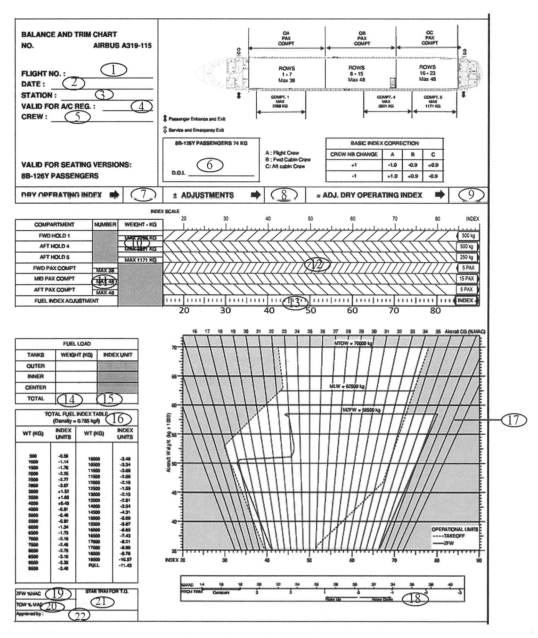

图6-8　飞机平衡图

表 6-17　平衡图各部分的含义

序号	英文	中文	备注
1	FLIGHT NO.	航班号	如 CA957
2	DATE	日期	如 03JUN22
3	STATION	起始站	
4	A/C REG	飞机注册号	
5	CREW	机组人员	
6	DOI	修正后的使用空机重量指数	
7	DRY OPERATING INDEX	修正后的使用空机重量指数	
8	ADJUSTMENTS	修正值	
9	ADJ. DRY OPERATING INDEX	修正后的指数	
10	FWD HOLD1	前货舱1舱	
	AFT HOLD4	后货舱4舱	
	AFT HOLD5	后货舱5舱	
11	FWD PAX COMPT	前客舱人数	
	MID PAX COMPT	中客舱人数	
	AFT PAX COMPT	后客舱人数	
12		折线图部分	
13	INDEX	油量指数标尺	
14	FUEL LOAD TOTAL WEIGHT	总起飞油量	
15	TOTAL INDEX UNIT	总起飞油量指数,查找16获得	
16	TOTAL FUEL INDEX TABLE	油量指数栏,用于查找起飞油量对应的指数。油量指数为正,代表重心后移;油量指数为负,代表重心前移	飞机上的燃油重量会对飞机重心产生影响,通过查找油量指数表,可以得出具体影响程度。飞机起飞重量－无油重量＝起飞油量,因此,飞机无油重心指数＋起飞油量指数＝飞机起飞重心指数
17		%MAC	
18		尾翼配平度线	
19	ZFW %MAC	无油重心	填写本次航班实际无油重量与其装载指数在坐标图中焦点位置找出的平均空气动力弦的百分比数
20	TOW %MAC	起飞重心	填写本次航班实际起飞重量与其装载指数在坐标图中焦点位置找出的平均空气动力弦的百分比数
21	STAB TRIM FOR T.O.	尾翼配平度	
22	Approved by	机长或其授权人签字	

（三）折线型载重平衡图介绍

大型飞机以及某些中型飞机,在每次飞行前都要准确算出飞机重心的位置,折线法载重平衡图以空机重心(或基本重量重心)指数作为计算的起点,也以这个数据作为基数。按照前后顺序,每一个装载项目都在图上有一个横标线,线上每格的长度相当于该单位装载量的指数。这样,就可以从表上的起点向下引一条垂直线与第一条装载项目横标线相交,由交点沿横标线向左或向右(向左,说明此装载量使重心前移;向右,说明此装载量使重心后移)画一条横线,其格数应与实际装载量折合的单位数相等,到达一点。由此点向下引垂直线与第二条横标线相交,由交点向左或向右画一条横线……以此类推,一直画到表下方的重心位置区域。这条线与起飞全重横线相交的点就是飞机的起飞重量重心位置。根据重心在%MAC线组的位置,可计算出重心的%MAC数。例如,重心在22%MAC区域线与23%MAC区域线中间,则重心为22.5%MAC。

由此可见,折线法载重平衡图的设计是用数格子的办法代替了装载重量指数的计算,从而避免了烦琐的运算程序。利用折线法载重平衡图表计算飞机重心位置的方法,通常称为"图解法""图表法"或"划线法"。

（四）折线型载重平衡图具体栏目填制要求

1.基本信息及指数栏

基本信息及指数栏,如图6-9所示。其中,"D.O.I."是修正后的基本重量指数;"DRY OPERATING INDEX"是"D.O.I."的全称,即修正后的基本重量指数;"ADJUSTMENTS"是指数需要修正的值;"ADJ. DRY OPERATING INDEX"是指数修正后的最终值。

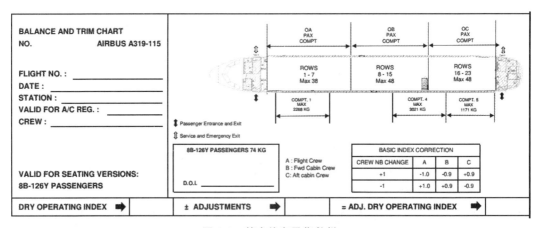

图6-9　基本信息及指数栏

平衡图这一栏目也给出了飞机舱位布局情况,从图中可以看出,A319-115飞机客舱分为三个区:1—7排为OA区,最多可以坐38人;8—15排为OB区,最多可以坐48人;16—23排为OC区,最多可以坐48人。货舱有三个:1舱为前舱;4、5舱为后舱。

2.业载安排和重心移动栏

业载安排和重心移动栏,如图6-10所示。

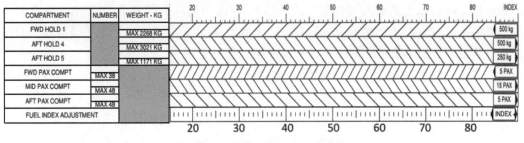

图 6-10　业载安排和重心移动栏

"COMPARTMENT"指飞机的舱位，其中"FWD PAX COMPT""MID PAX COMPT""AFT PAX COMPT"分别指前客舱、中客舱和后客舱；"FWD HOLD1""AFT HOLD4""AFT HOLD5"分别是货舱的1号前货舱、4号后货舱和5号后货舱。相应位置分别填写客货舱相应载量。

这个栏目能体现机舱不同位置的载量对飞机重心前后的影响。其具体画法如下。

以修正后的基本重量为起点，从表的指数尺上找到这一点，由此向下引一条垂直线先与货舱第一行内的斜线相交，由此交点按该区域上所指箭头方向向左或向右（向左指意味着此项装载量使飞机重心前移；向右指意味着此项装载量使飞机重心后移）画一条横线，其长度个数为实际装载量与单位数的比值（比如1号货舱的载量为1000，则横线的长度为1000/500＝2），到达一点。由此点再向下引垂线与第二行的斜线相交，再由此点画横线，以此类推，一直画到下面的重心位置栏。

3.油量指数栏

油量指数栏，如图6-11所示。

TOTAL FUEL INDEX TABLE (Denslty＝0.758 kg/L)			
WT(kg)	INDEX UNITS	WT(kg)	INDEX UNITS
500	−0.56	10000	−3.48
1000	−1.14	10500	−3.34
1500	−1.70	11000	−3.08
2000	−2.25	11500	−2.68
2500	−2.77	12000	−2.18
2800	−3.07	12500	−1.59
3000	＋1.52	13000	−2.15
3500	＋1.00	13500	−2.81
4000	＋0.49	14000	−3.54
4500	−0.01	14500	−4.31
5000	−0.48	15000	−5.09
5500	−0.92	15500	−5.87
6000	−1.34	16000	−6.65
6500	−1.73	16500	−7.43
7000	−2.10	17000	−8.21
7500	−2.46	17500	−8.99
8000	−2.79	18000	−9.78
8500	−3.10	18500	−10.57
9000	−3.35	FULL	−11.43
9500	−3.48		

图 6-11　油量指数栏

飞机上的燃油重量会对飞机重心产生影响,通过查油量指数表,可以得出具体影响程度。飞机的起飞重量和无油重量之间相差起飞油量,所以将飞机的无油重心指数加上起飞油量指数就能得出起飞重心指数。

在日常的载重平衡工作中,涉及油量的内容主要是起飞油量和航程油量。严格来说,飞机总加油量实际为:站坪油量(Ramp fuel),指飞机完成全部飞行前准备,按照规章要求所加的全部油量;起飞油量(Take-off fuel)指飞机携带的在起飞滑跑起始点的全部燃油量。总加油量与起飞油量是不同的,差异为飞机地面操作耗油(包括滑行油量和APU耗油)。

但由于在日常运行过程中,飞机的地面操作时间并不确定,准确计算非常困难。同时,针对大多数情况,地面滑行时间较短。因此,在计算舱单时,除非能够明确地面操作耗油,否则可以将总加油量和起飞油量等同。

4.重心位置栏

重心位置栏,如图6-12所示。

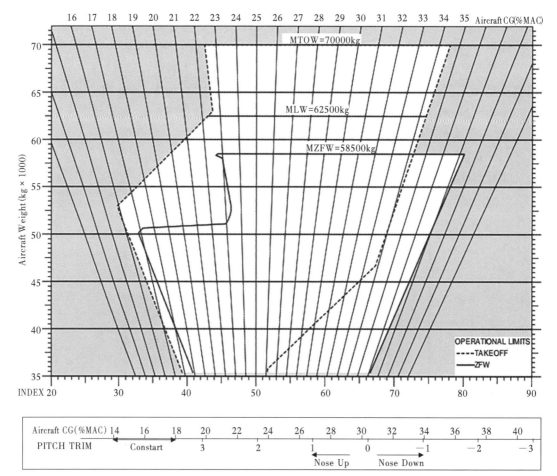

图6-12　重心位置栏

"Aircraft Weight"是重量标尺。重心位置栏左右两端各有1条重量标尺。

"INDEX"是重心指数标尺。

业载安排和重心移动栏上面画下来的直线与重心位置图表区中实际无油全重的重量

横线交于一点,这就是飞机无油重心所在。再根据起飞油量指数移动无油重心直线,得到的直线和实际起飞重量的横线相交于一点,这就是飞机起飞重心的位置。

无油重心应位于MZFW水平线以下及图表区中梯形左右框线之间;起飞重心应位于MTOW水平线以下及图表区中梯形图左右框线之间。图表区中梯形图左边的"竖线"表示飞机重心的前极限;右边的"竖线"表示飞机重心的后极限。

"Aircraft CG(%MAC)"是平均空气动力弦标尺。用平均空气动力弦百分比表示的飞机重心位置。图中有很多条斜线,每条斜线代表一个百分比值。找出无油重心和起飞重心的交叉点,根据交叉点位于哪两条斜线之间,便可估计出无油重心和起飞重心用平均空气动力弦百分比表示的位置。

"PITCH TRIM"是俯仰配平标尺又称尾平标尺。该标尺上方表示平均空气动力弦的百分比,下方表示俯仰配平值。根据飞机起飞重心的读数,在该标尺上做标记,然后从下方的俯仰平衡标尺上读出数值,该数值就是飞机尾平值。

5.其他情况栏

其他情况栏,如图6-13所示。

ZFW%MAC	STAB TRIM FOR T.O.
TOW%MAC	
Approved by!	

图6-13　重心位置栏

其中,"ZFW%MAC"处填写飞机无油时的平均空气动力弦值;"TOW %MAC"处填写飞机起飞时的平均空气动力弦值。签收人在"Approved by"处签名,通常由机长签名。"STAB TRIM FOR T.O."处填写飞机起飞时水平尾翼所需的配平值。

(五)平衡图的绘制方法

平衡图的绘制方法有五种:一是,以平衡图中横坐标为指数标尺,纵坐标为重量标尺,根据修正后的机重指数查找重心站位数;二是根据实际无油重量与无油重量装载指数在平衡坐标图中的交点位置画出无油重心的平均空气动力弦的百分比数,并注明"ZFW"字样;三是,根据实际起飞重量与起飞重量装载指数在平衡坐标图中的交点位置画出起飞重心的平均空气动力弦的百分比数,并注明"TOW"字样;四是,根据实际起飞油量在燃油指数表中读取相应的油量指数;五是,根据起飞重心的平均空气动力弦百分比数画出飞机起飞时水平安定面调整片所需配平度。

另外,还需注意以下三方面内容。

首先,配平是位于飞机尾部,可以通过上下偏转来改变气流方向,以利于飞机俯仰平衡控制的水平平衡器(或全动平尾设计)。当载重平衡人员确定了飞机的重心位置后,驾驶员将用这个数字调整配平的度数,使飞机在飞行过程中处在最理想的平衡状态。

其次,影响飞机水平安定面调整片配平数值的主要变量是飞机重量和重心位置。因此,对于部分机型(如B747等),在相应平衡图上,可以根据飞机的实际起飞重量和起飞重心确定飞机的配平数值。特殊情况下,如A319机型,其飞机水平安定面调整片配平值的主要变量是重心位置,与飞机重量数值相关性较小。此时,应根据飞机的实际起飞重量和修正后指数确定飞机的起飞重心,飞机配平数值仅以起飞重心为变量,或沿%MAC的刻度线查找(如B737-300),或直接查找单独的图表(如A319)。

最后,尾翼配平数值的读取方法应考虑最接近的刻度,当水平安定面调整片配平度刚好落在平衡图两刻度中间时,应先用简单的插值法估算读取。

✈ 任务实施

根据任务内容,本次航班载重平衡图的具体填制步骤如下。

在Priority栏内填写发报等级:QU。

在Address(es)栏内填写收电地址组:XIYTZGJ。

在Originator栏内填写发电地址组:HGHTZGJ。

在Flight栏内填写航班号:GJ8009。

在A/G Reg栏内填写飞机号:B3052。

在Version栏内填写座位布局:C8R18Y108。

在Crew栏内填写标准机组:2/6。

在Date栏内填写执行本航班的日期:30OCT22。

在DRY OPERATING WEIGHT栏内填写修正后空机重量:41586。

在ADJ. DRY OPERATING WEIGHT栏内填写调整后的DOW:41586。

在TAKE-OFF FUEL栏填:10000。

根据起飞油量计算出OPERATING WEIGHT:51586。

根据飞机三大全重数据,计算出飞机的三个最大起飞重量值:68500、70000、69500,取其中最小的值68500参与后续计算。

根据飞机最大起飞重量和操作重量,计算出最大业务载重量,在ALLOWED TRAFFIC LOAD栏填:16914。

在DEST栏内填写到达站三字代码:XIY,并将旅客人数填入相应栏内,如有经停航班,将经停站三字代码填入上面的DEST栏内,并将行李、货物、邮件的重量、件数,以及分布情况填写在相应栏内,并进行总量合计和各号舱位载量合计。

✈ 技能实战

请学员思考:

如何快速准确填制折线型载重平衡图?

将旅客总重量9432 kg填入Total Passenger Weight栏内。国内航班,每位成人旅客重量按72 kg计算,儿童重量按36 kg计算,婴儿按10 kg计算;国际航班,每位成人旅客重量按75 kg计算,儿童重量按40 kg计算,婴儿重量按10 kg计算。

计算出实际业载,在 TOATAL TRAFFIC LOAD 栏填入 11432,与最大业务载重量对比,计算出本航班剩余业载 5482,填入 UNDERLOAD BEFORE LMC 栏。如果此栏计算结果为负数,说明本航班已超载,应该按照超载处理。

在载重图重量计算栏中,在 ZERO FUEL WEIGHT 栏填入本航班实际无油重量 53018;在 TAKE-OFF WEIGHT 栏填入实际起飞重量 63018;在 LANDING WEIGHTE 栏填入实际落地重量 56018,并与规定的最大无油重量 58500、最大起飞重量 70000、最大落地重量 62500 做比较,检查是否超出限制。

根据任务内容,在 FLIGHT NO. 栏填 GJ8009;DATE 栏填 30OCT22;STATION 栏填 HGH—XIY;在 VALID FOR A/C REG. 栏填 B3052,CREW 栏填 2/6。

DOI 是 DRY OPERATING INDEX,指修正后的使用空机重量指数,根据任务内容,本栏目应该填 53.75;DRY OPERATING INDEX 栏填 53.75,没有需要修正的。因此,ADJ. DRY OPERATING INDEX 栏填 53.75。

"INDEX"是飞机重心指数标尺,以飞机修正后空机重量指数 53.75 为起点,从平衡表的重心指数标尺上找到这一点,由此向下引一条垂直线与第一条装载项目横标相交,由此交点按横标上所指的箭头方向向左 4 格画一条横线(实际重量 2000 kg 除以单位格所示的重量单位 500 kg,2000/500=4)达到一点。由此点再向下引垂直线与第二条装载项目横标相交,由此交点再按横坐标上所指的箭头方向向左 7.6 格画一条横线(实际人数 38 人除以单位格所示的人数单位 5 人,38/5= 7.6)……依此类推,一直画到重心位置图表区。

按上述原则画出的竖直线与飞机的实际无油重量线 53018 kg 横交于一点,此交点就是飞机实际无油重量的重心位置,标注:ZFW。根据飞机的重心标尺(Aircraft CG),找到无油重心邻近的两条 Aircraft CG,读出无油重心的数值并在 ZFW %MAC 栏内填 30.2%。

在油量表 FUEL INDEX TABLE 中查到起飞油量 10000 对应的指数值:-3.48。

以实际无油重量的重心装载指数线与飞机重心指数标尺相交的点为起点,根据起飞油量查阅油量指数表所确定的油量指数,向左移动 3.48 格画竖线(油量指数值为正,代表重心后移;油量指数值为负,代表重心前移)。然后,由此向下引垂线落到飞机重心区域和飞机的实际起飞重量线 63018 相交,此点即为飞机实际起飞重量的重心位置,标注为 TOW。根据与 TOW 相邻的两条 Aircraft CG 线,读出起飞重心的数值,并在 TOW %MAC 栏内填 28.3%。

在尾平标尺上找到 TOW 的值,以此为起点,画竖线,在 PITCH TRIM 上读出相应的数值,该数值即为对应的配平指数,读出该数值并填在 STAB TRIM FOR T.O. 栏内填 0.5。

在 PREPARED BY 栏内签上制作者的姓名,机长在 Approved by 栏内签名。至此,整个载重平衡图就制作完毕了,如图 6-14 所示。

填制载重平衡图 项目六

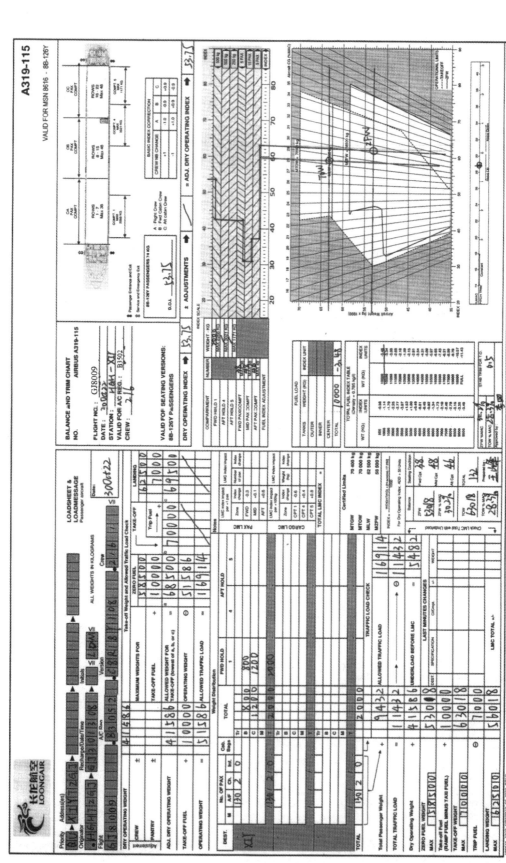

图 6-14 A319-115 飞机载重平衡图示例

旅客分布原因对载重平衡的影响

（一）案例内容

某航由西安飞往乌鲁木齐的航班,备降吐鲁番,因终止行程较多旅客需要重新被安排座位,因通知信息错误,误将从35排就座安排成从45排就座,起飞前信息未被纠正,飞机在吐鲁番机场起飞滑跑初始阶段,造成飞机尾撬磨损、机身蒙皮擦伤。

某航航班由银川经长沙到厦门。在到中间站长沙时,机组发现舱单中随机人员人数与实际不符,舱单显示随机人员为14人,实际随机人员为7人。机组电话咨询配载人员核实,确认随机人员应为7人后重新制作舱单,飞机正常起飞。

因销售人员把87名小学生票务属性错误归类为成人,造成澳洲航空把87位儿童体重误按照成人体重计算,导致航班将旅客体重隐载约3.1吨,致使此架波音737客机在起飞时出现了机头过重的险情。最终机组临时处置得当才避免发生事故。

（二）案例总结

旅客分布与飞机的重心息息相关。对于配载舱单计算,遇到备降航班或大面积延误、异地配载等特殊情况,或涉及重新安排座位分布或因重心原因需调整旅客座位时,配载部门务必与相关部门核对旅客分布情况,确保旅客实际就座与舱单一致。需要调整旅客时,乘务人员与地面人员需协同配合,务必确保调整到位。涉及非标准重量旅客时,相应工作人员应及时与配载部门联系,按照配载要求进行座位发放,切忌所有非标准重量旅客集中在机头或机尾,从而造成机组操作困难。

任务练习

2022年10月,由B-7788号飞机(B737-800)执行RY7777航班（CGQ—TSN—XMN)飞行任务。该飞机的BW为42563 kg,机组为2/7,增加一名机组人员,按80 kg计算,指数BI为46.30,指数修正+0.45。舱位布局F8Y162,最大起飞重量为77791 kg,最大落地重量为65317 kg,最大无油重量为61688 kg,起飞性能(襟翼5/28°/12跑道)69400 kg。航班上旅客有130位成人,成人旅客体重按80 kg计算,具体情况如下。

至TSN:旅客80.0.0 F0Y80;行李500 kg,装在4舱;货物2000 kg,装在3舱。

至XMN:旅客50.0.0 F0Y50;行李300 kg,装在1舱;货物500 kg,装在2舱。

旅客分布情况:FWD0人、MID80人、AFT50人。

飞机的起飞油量11900 kg,耗油7300 kg。

请你根据以上信息,为本次航班制作载重平衡图。B737-800飞机载重平衡图,如图6-15所示。

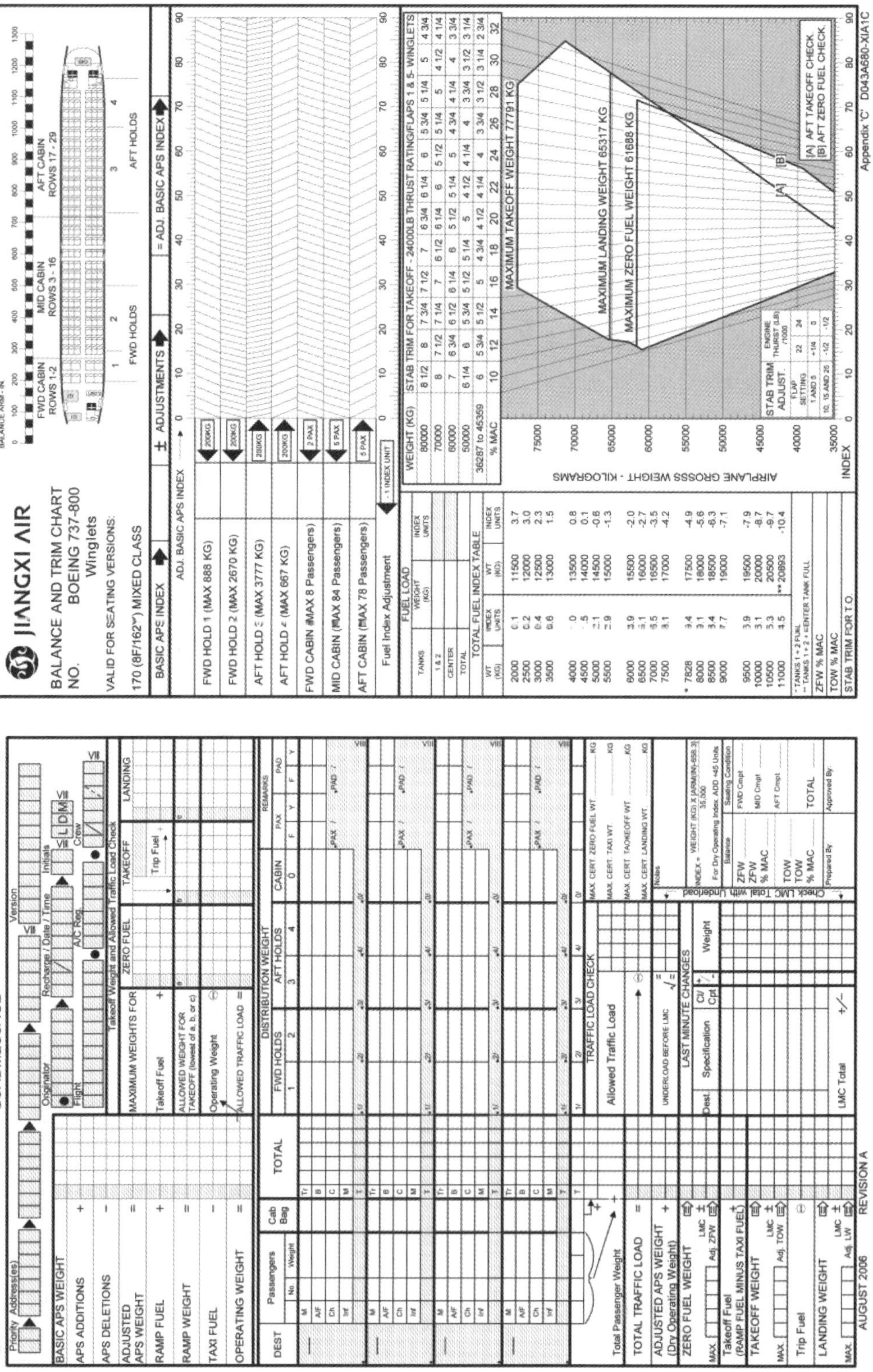

图 6-15　B737-800 飞机载重平衡图示例

 评价反馈

　　小组代表陈述后,由各位同学和老师进行打分评价,并由老师进行最终点评,评价反馈表,如表6-18所示。

表6-18　任务结果评价反馈表

组号	评价内容			
评价人	载重平衡图填制的规范性(25分)	载重平衡图填制的正确性(30分)	载重平衡图填制的认真程度(比如字体是否工整、有无乱涂乱画)(25)	小组成员的具体贡献(20分)

 任务三　填制指数型载重平衡图

 任务目标

【知识目标】

　　(1)了解指数型载重平衡图的特点。

　　(2)掌握指数型载重表和平衡图每部分的含义及填制要求。

【能力目标】

(1)能正确填制指数型载重表和平衡图。

(2)会复核指数型载重平衡图相关数据。

【素质目标】

通过实际工作案例,学生要学习爱岗敬业,部门间团结协作、互相配合,立足岗位,勇于探索和创新,践行民航"三个敬畏"精神。

✈ 任务背景

2022年8月,由B-9785号飞机(A320-214)执行G5276航班(CKG—CGO)飞行任务,预计离港时间是上午09:00,该飞机的空机重量为42846 kg,指数为54.13。最大起飞重量为77000 kg,最大落地重量为66000 kg,最大无油重量为62500 kg。航班上有旅客156人,均为成人,分布情况为OA区52人;OB区54人;OC区50人。占座机组人员被安排在经济舱第一排靠走廊位置。行李重量为1000 kg,分别装在3号和4号货舱。货物重量为1500 kg,装在1号货舱。起飞油量为7700 kg,耗油3040 kg。机组人数为4/5/2(标准机组:3/5),客舱布局C4B6Y162。LMC:-1 PAX,-1 BAG/10kg。A320-214飞机及货舱布局,如图6-16所示。

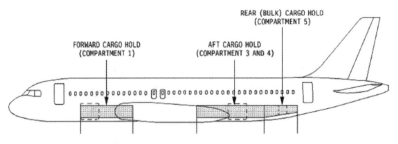

图6-16 A320-214飞机及货舱布局

✈ 任务要求

假如你是本次航班的配载员,请根据以上情况,为本次航班填写载重平衡图(见图6-17、图6-18、图6-19)。

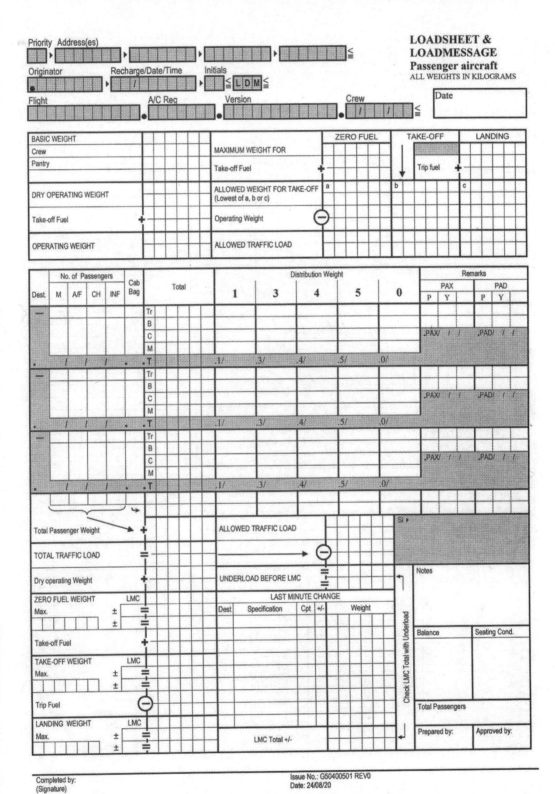

图 6-17　A320-214载重表

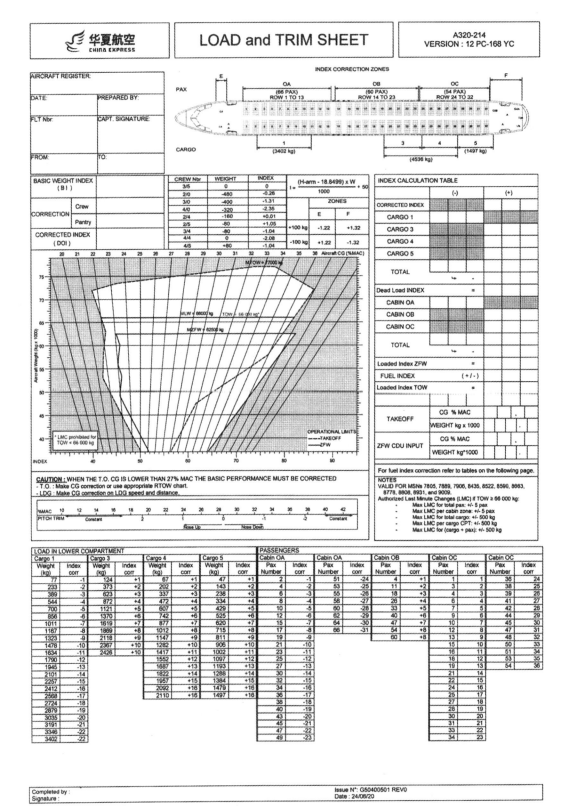

图 6-18　A320-214平衡图

LOAD and TRIM SHEET FUEL INDEX TABLE		A320-214 VERSION : 12 PC-168 YC

WEIGHT (kg)	DENSITY (kg/l) 0.785
3500	+1
4000	+0
4500	+0
5000	+0
5500	−1
6000	−1
6500	−2
7000	−2
7500	−2
8000	−3
8500	−3
9000	−3
9500	−3
10000	−3
10500	−3
11000	−3
11500	−3
12000	−2
12500	−2
13000	−2
13500	−2
14000	−4
14500	−4
15000	−5
15500	−6
16000	−7
16500	−7
17000	−8
17500	−9
18000	−10
18500	−11
FULL	−11

Completed by : Signature :		Issue N°: G50400501 REV0 Date : 24/08/20

图 6-19　A320-214平衡图

 知识链接

一、指数型平衡图介绍 ✈

凡用指数来计算飞机重心位置的方法,统称"指数法"。指数是为了便于算出飞机重心位置而采用的和力矩数具有一定关系的一种数值。这种指数是人为制订的,采用指数法必须对所用指数计算方法做出说明。

目前有不少种机型在载重平衡计算中使用指数法,大体上可分为两类:一类是以力矩数为基数,按照规定换算成指数;另一类是以平均空气动力弦百分比为基数,按照规定换算成指数。以力矩数为基础计算飞机的重心,需要大量运算的是各项重量的力矩数。大家知道,飞机的力矩数一般是固定的已知数。同样,也可以算出飞机基本重量(包括空机重量、

附加设备和服务设备重量、供应品重量、滑油重量、空勤组重量等)的力矩数,这个数据一般也是固定的。还需要计算的是燃油、旅客、货物和邮件装载力矩数。飞机每次飞行,这些项目的实际重量虽然是变动的,但每排客座的位置、每个货舱的位置、每个油箱的位置都是固定的。如果预先把每一个部位"单位装载量"(例如1位旅客,重量100 kg)所构成的"力矩基数"计算出来(如第1排客座装载1位旅客构成力矩多少,第2排客座装载1位旅客构成力矩多少;第一货舱装载100 kg货物构成力矩多少,第二货舱装载100 kg货物构成力矩多少等),那么在运算时只要把各油箱、各排客座、各个货舱的实际装载量的单位数(如果单位装载量是1人,实际装载量是3人,就是3个单位数)分别乘以相应的"力矩基数"就可以得出各项实际载重构成的力矩数值。把这些力矩数和基本重量力矩数相加,就是飞机装载后的总力矩数。

在计算时,重量单位一般用千克或磅,力臂单位用英寸或米。以千克英寸或磅英寸为单位计算出来的力矩数值很大,为了减小数字便于运算,通常把"力矩基数"乘以缩小系数(如1/10000、1/100000)作为实际使用基数,这个数字叫作单位装载量的指数。把基本重量和燃油重量的力矩数分别乘以同样的缩小系数,就是基本重量指数和燃油指数。把基本重量指数、燃油指数和业载指数相加减就得出飞机装载后的总指数。根据总指数和总重量可以从一个图表(这个图表是经过计算制作的)上查出相应的重心位置%MAC。这种指数适用于波音737、767、747等机型。

以平均空气动力弦百分比为基础的指数,从计算飞机重心位置的公式和计算以%MAC表示飞机重心位置的公式中可以看出:在总重量不变的条件下,总力矩和%MAC之间是具有一定关系的,力矩数越大,%MAC也就越大。因此,可以将%MAC作为指数,将空机重心%MAC作为空机指数,再算出各种装载项目的单位装载量对空机重心%MAC位置移动变化(通常用%MAC符号表示),即单位装载量指数。有了这两种指数,就可以算出飞机装载后的总指数。根据总指数和总重量,从图表(预先计算和绘制成的)上查出相应的起飞全重重心位置%MAC。这种指数适用于伊尔系列飞机。

二、平衡图各项注释 ✈

指数型和折线型载重平衡图的主要区别在于平衡图填制不同,而载重表的填制方法基本相同。指数型平衡图各项注释,如表6-19所示。

表6-19 指数型平衡图各项注释

序号	英文	中文	备注
1	FLIGHT NO.	航班号	如CA957
2	A/C REG	飞机注册号	
3	DATE	日期	如03JUN22
4	DRY OPERATING WEIGHT	修正后的基本重量	

序号	英文	中文	备注
5	TOTAL TRAFFIC LOAD	实际业载	
6	ZERO FUEL WEIGHT	实际无油重量	
7	TAKE-OFF FUEL	起飞油量	
8	TAKE-OFF WEIGHT	实际起飞重量	
9	TRIP FUEL	耗油量	
10	LANDING WEIGHT	实际落地重量	
11	MAX ZERO FUEL WEIGHT	最大无油重量	
12	MAX TAKE-OFF WEIGHT	最大起飞重量	
13	MAX LANDING WEIGHT	最大落地重量	
14	D.O.I	修正后的使用空机重量指数	
15			填写与载重表对应的货舱重量,根据此重量在下边栏内查找指数
16			填写旅客等级座位数,根据此人数在下边栏查找指数
17	TOTAL	货舱装载总指数	
18	DLI	固定载荷指数	填写14和17合计数
19	TOTAL	客舱不同等级旅客修正总指数	
20	LIZFW	无油重量装载指数	
21	LITOF	起飞油量装载指数	
22	LITOW	起飞重量装载指数	指数栏计算过程取后两位数字
23		指数计算备用栏	
24		%MAC	
25	TRIM SETTING	尾翼配平标尺	
26	F	固定载荷检查线	
27	FINAL PAX	关客舱门旅客人数	上栏填写成人与儿童旅客的合计数,下栏填写婴儿旅客数
28	C.G. AT ZFW	无油重心	填写本次航班实际无油重量与其装载指数在坐标图中焦点位置找出的平均空气动力弦的百分比数
29	C.G. AT TOW	起飞重心	填写本次航班实际起飞重量与其装载指数在坐标图中焦点位置找出的平均空气动力弦的百分比数
30	STAB SET	尾翼配平度	

续表

序号	英文	中文	备注
31	REMARKS	备注栏	
32	DOW	修正后的基本重量	
33	B.C.M	行李、货物、邮件总重量	
34	TOTAL	总重量	填写32和33之和
35	DLI	固定载荷指数	
36	PREPARED BY	制表人签字	
37	APPROVED BY	机长或其授权人签字	

三、指数型平衡图具体栏目填制要求

（一）基本情况栏

平衡图的基本情况栏,如图6-20所示。

其中,AIRCRAFT REGISTER 处是飞机号;DATE 处是日期;PREPARED BY 处是制表人签名;CAPT. SIGNATURE 处是机长签名。

图6-20中,飞机舱位布局显示,该飞机的客舱由3个区域组成,即 OA 区、OB 区和 OC 区。1—13排是 OA 区域,可以坐58位旅客;14—23排是 OB 区域,可以坐60位旅客;24—32排是 OC 区域,可以坐54位旅客。飞机的货舱有4个舱,其中1舱是前舱,3—5舱是后舱。

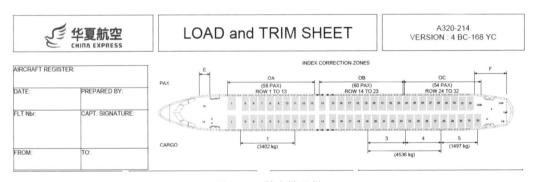

图6-20　基本情况栏

（二）货舱业载及指数栏

货舱业载及指数栏,如图6-21所示。

其中,Cargo1、Cargo3、Cargo4、Cargo5指代各子货舱;Index corr 为各子货舱载运量产生的重心移动指数。

把各子货舱的载量填到本栏目Cargo旁边的空白处,根据载量在图6-21所示的表中找到对应的指数并圈出来。

LOAD IN LOWER COMPARTMENT							
cargo 1		cargo 3		cargo 4		cargo 5	
weight (kg)	Index corr	weight (kg)	Index corr	weight (kg)	Index corr	weight (kg)	Index corr
77	−1	124	+1	67	+1	47	+1
233	−2	373	+2	202	+2	143	+2
389	−3	623	+3	337	+3	238	+3
544	−4	872	+4	472	+4	334	+4
700	−5	1121	+5	607	+5	429	+5
858	−6	1370	+6	742	+6	525	+6
1011	−7	1619	+7	877	+7	620	+7
1167	−8	1869	+8	1012	+8	715	+8
1323	−9	2118	+9	1147	+9	811	+9
1478	−10	2367	+10	1282	+10	906	+10
1634	−11	2426	+10	1417	+11	1002	+11
1790	−12			1552	+12	1097	+12
1945	−13			1687	+13	1193	+13
2101	−14			1822	+14	1288	+14
2257	−15			1957	+15	1384	+15
2412	−16			2092	+16	1479	+16
2568	−17			2110	+16	1497	+16
2724	−18						
2879	−19						
3035	−20						
3191	−21						
3346	−22						
3402	−22						

图 6-21　货舱业载及指数栏

（三）客舱业载及指数栏

客舱业载及指数栏，如图 6-22 所示。

其中，Cabin 为客舱；Index corr 为客舱各区旅客运载量产生的重心移动指数。

把客舱各区的实际旅客人数填到 Cabin 旁的空白处，根据旅客人数，在图 6-22 所示的表中找到对应的指数，并用圆圈标出来。

PASSENGERS							
Cabin OA		Cabin OB		Cabin OC		Cabin OC	
Pax Number	Index corr	Pax Number	Index corr	Pax Number	Index corr	Pax Number	Index corr
2	−1	4	+1	1	+1	40	+27
4	−2	11	+2	3	+2	42	+28
6	−3	19	+3	4	+3	43	+29
8	−4	26	+4	6	+4	45	+30
11	−5	33	+5	7	+5	46	+31
13	−6	40	+6	9	+6	48	+32
15	−7	47	+7	10	+7	49	+33
18	−8	55	+8	12	+8	51	+34
20	−9	60	+8	13	+9	52	+35
22	−10			15	+10	54	+35
24	−11			16	+11	48	+32
27	−12			18	+12	49	+33
29	−13			19	+13	51	+34
31	−14			21	+14	52	+35
33	−15			22	+15	54	+35
38	−16			24	+16		
38	−17			25	+17		
40	−18			27	+18		
42	−19			28	+19		
45	−20			30	+20		
47	−21			31	+21		
49	−22			33	+22		
52	−23			34	+23		
54	−24			36	+24		
56	−25			37	+25		
58	−25			39	+26		

图6-22 客舱业载及指数栏

（四）油量指数栏

油量指数栏,如图6-23所示。将起飞油量指数填在油量指数上的空白处,并在图6-23所示的表中找到对应的指数,用圆圈标出来。

WEIGHT(kg)	DENSITY(kg/l)
	0.785
3500	+1
4000	+0
4500	+0
5000	+0
5500	−1
6000	−1
6500	−2
7000	−2
7500	−2
8000	−3
8500	−3
9000	−3
9500	−3
10000	−3
10500	−3
11000	−3
11500	−3
12000	−2
12500	−2
13000	−2
13500	−3
14000	−4
14500	−4
15000	−5
15500	−6
16000	−7
16500	−7
17000	−8
17500	−9
18000	−10
18500	−11
FULL	−11

图 6-23　油量指数栏

（五）指数计算栏

指数计算栏，如图 6-24 所示。

图 6-24 中，"＋"和"－"表示正指数填写列和负指数填写列。指数可能为正，也可能为负。当指数为正时，说明飞机的重心向后移；当指数为负时，说明飞机的重心向前移。

BASIC WEIGHT INDEX(BI)为基本重量指数。

CORRECTION 为指数修正值。根据机组人数，查右侧的表，确定指数修正值，并填入表格。

CORRECTED INDEX(DOI)为修正后的空机重量指数。因为空机重量指数肯定为正值，因此在指数计算表中，要把负值列相应的位置涂黑，避免填错位置。

CARGO 1、CARGO 3、CARGO 4、CARGO 5 分别填写查得的各子货舱的指数值。

TOTAL 处，需将"＋"列各行数字加在一起求和；将"－"列各行数字加在一起求和。

Dead Load INDEX 为无客无油时的指数。Dead Load 是固定负载，也称死重量，指飞机运载货物、邮件、行李、压舱和集装设备等的重量总和，通常指除旅客重量外的业务载重量。

CABIN OA、CABIN OB、CABIN OC 处分别填写查得的客舱各区指数值。

BASIC WEIGHT INDEX (BI)		CREW Nbr.	WEIGHT	INDEX
		3/5	0	0
		2/0	-480	-0.26
		3/0	-400	-1.31
CORRECTION		4/0	-320	-2.35
		2/4	-160	+0.01
		2/5	-80	+1.05
CORRECTED INDEX (DOI)		3/4	-80	-1.04
		4/4	0	-2.08
		4/5	+80	-1.04

INDEX CALCULATION TABLE				
		(-)		(+)
CORRECTED INDEX				
CARGO 1				
CARGO 3				
CARGO 4				
CARGO 5				
TOTAL		↵	-	
Dead Load INDEX		=		
CABIN OA				
CABIN OB				
CABIN OC				
TOTAL		↵	-	
Loaded Index ZFW		=		
(+/-) FUEL INDEX				
Loaded Index TOW		=		
TAKEOFF	CG % MAC		.	
	WEIGHT kg x 1000		.	
ZFW CDU INPUT	CG % MAC		.	
	WEIGHT kg*1000		.	

图 6-24　指数计算栏

（六）飞机重心计算栏

飞机重心计算栏，如图 6-25 所示。

重量标尺：位于重心计算表的左右两侧。根据实际重量计算栏计算得出的实际无油重量和实际起飞重量可以在重量标尺上找出，并画出两条水平直线。

指数标尺：位于重心计算表的上下端，根据指数计算栏计算得出的无油重量指数和起飞重量指数在指数标尺上找出，并画出两条垂线。

代表无油重量指数的垂线和代表无油重量的水平线的交叉点即表示飞机的无油重心，此处标示"ZFW"字样。代表起飞重量指数的垂线和代表起飞重量的水平线的交叉点即表示飞机的起飞重心，此处标示"TOW"字样。无油重心应位于 MZFW 水平线以下及左右框线之间；起飞重心应位于 MTOW 水平线之下及左右框线之间。

％MAC 是以平均空气动力弦表示的飞机重心位置。重心计算表中有许多斜线，每条斜线都代表一个百分比值。当找出无油重心的交叉点和起飞重心的交叉点时，根据重心交叉点位于哪两条斜线之间，即可估计出飞机的无油重心和起飞重心用平均空气动力弦表示的位置。

TRIM SETTING：配平。空客飞机的配平标尺有自己的特点，是与重量计算表分开的独立的一部分，且有的配平标尺在重心计算表的右侧，有的则在重心计算表的下方。具体的读数方法是：在重心计算表中找到起飞重心 TOW 的值后，在配平标尺的％MAC 上标出该数字，同时在 PITCH TRIM 上读出数值，该数值即为飞机的配平值。

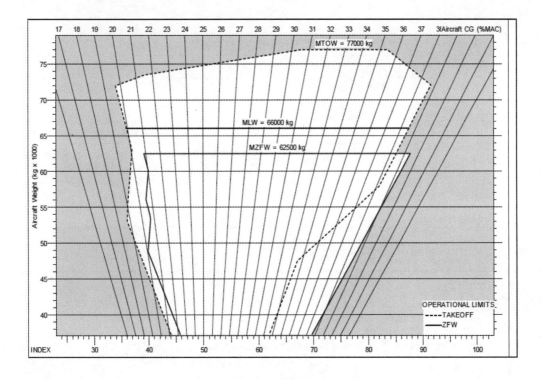

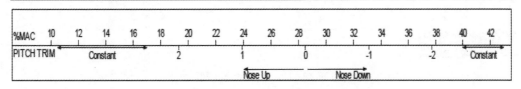

图 6-25　飞机重心计算栏

（七）其他情况栏

其他情况栏如图 6-26 所示，具体内容说明见表 6-20。

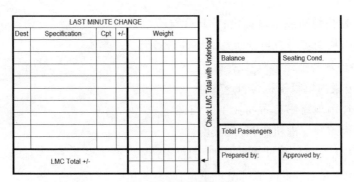

图 6-26　其他情况栏

表 6-20　最后一分钟修正和平衡占座情况注释

最后一分钟修正（LMC）

序号	条目	说明
1	Dest	到达站，填写更改载量的目的地

2	Specification	发生变更的项目,填写增减重量的性质,比如成人、儿童、货物等
3	Cpt	变更项目的等级/舱位,填写更改载量的舱位
4	+/−	变更项目的加或减
5	Weight	变更项目重量
6	LMC total+/−	最后修正(增或减)
7	Balance	根据要求填写飞机平衡状态,填写飞机的无油重心(C.G. AT ZFW)、起飞重心(C.G. AT TOW)、水平尾翼配平值(STAB TRIM SET)等
8	Seating Cond.	占座情况,填写客舱 OA、OB 和 OC 区的人数
9	Total Passengers	填写实际登机的旅客总数,包括机组占座人数
10	Prepared by	制表人签字
11	Approved by	机长签字

技能实战

请学员思考:

1.如何快速准确填制指数型载重平衡图?

2.填制平衡图时,如何保障数据准确?

任务实施

根据任务内容,本次航班载重平衡图的具体填制步骤如下。

一、平衡表

在 Priority 栏内填写发报等级:QU。

在 Address 栏内填写收电地址组:CGOTZG5。

在 Originator 栏内填写发电地址组:CKGTZG5。

在 Flight 栏内填写航班号:G52766。

在 A/G Reg 栏内填写飞机号:B9785。

在 Version 栏内填写座位布局:C4B6Y162。

在 Crew 栏内填写标准机组:4/05/02。

在 Date 栏内填写执行本航班的日期:21AUG22。

在 BASIC WEIGHT 栏内填写空机重量:42846。

根据机组人数查找平衡图下面的重量修正值为+80,将其填在 Crew 栏。

计算出 DRY OPERATING WEIGHT 为 42926。

在 Take-off Fuel 栏内填:7700。

根据起飞油量计算出 OPERATING WEIGHT 为 50626。

根据飞机三大全重数据,计算出飞机的三个最大重量值 a、b、c 分别为:70200、77000、

69040，取其中最小的值69040参与后续计算。

根据飞机最大起飞重量和操作重量，计算出最大业务载重量ALLOWED TRAFFIC LOAD为18414。

在Dest栏内填写到达站三字代码：CGO，并将旅客人数填入相应栏内，如有经停航班，将经停站三字代码填入上面的Dest栏内，并将行李、货物、邮件的重量、件数，以及分布情况填写在Total栏、Distribution Weight栏内，并进行总量合计和各号舱位载量合计。

在Total Passenger Weight栏填入旅客总重量：11860 kg。国内航班，每位成人旅客重量按75 kg计算，儿童重量按38 kg计算，婴儿按10 kg计算。

计算出实际业载TOTAL TRAFFIC LOAD为14360，与最大业务载重对比，计算出本航班剩余业载4054，填入UNDERLOAD BEFORE LMC栏内，如果此栏计算结果为负数，说明本航班已超载，应该按照超载处理。

在载重图重量计算栏中，计算出本航班实际无油重量ZERO FUEL WEIGHT为57286、实际起飞重量TAKE‐OFF WEIGHT为64986、实际落地重量LANDING WEIGHTE为61946，并与规定的最大无油重量62500、最大起飞重量77000、最大落地重量66000做比较，检查是否超出限制。

在LAST MINUTE CHANGE的第一行的Dest栏填：CGO；在Specification栏填：1PAX；在Cpt栏填：Y；在＋/－栏填入：－；在Weight栏填：75。在LAST MINUTE CHANGE的第二行的Dest栏填：CGO；在Specification栏填：1BAG；在Cpt栏填：1H；在＋/－栏填：－。在Weight栏填：10。在LMC-Total中的减号上画圈，Weight列填：85。

根据任务内容，在平衡图AIRCRAFT REGISTER栏填：B9785；在PREPARED BY栏填配载员的名字；在CAPT. SIGNATURE栏填机长的签名；FLT Nbr.栏填：G52766；DATE栏填：21AUG22；FROM栏填：CKG；TO栏填：CGO。

在BASIC WEIGHT INDEX(BI)填飞机的基本指数：54.13。根据机组人数查右侧的表，得到Crew的修正值为－1.04，计算得出CORRECTED INDEX(DOI)即修正后的使用空机重量指数为53.09。

将各子货舱的载量填写在对应的Cargo栏内，并查出对应的指数，用圆圈圈出来。将客舱各区域旅客人数填写在对应的Cabin栏内，并查出对应的指数，用圆圈圈出来。

在油量表FUEL INDEX TABLE中查到起飞油量7700对应的指数值，并用圆圈圈出来。

根据飞机修正后的空机重量指数、客货舱载量指数、油量指数，计算得出飞机的无油重心指数为66、起飞重心指数为64。注意，本题中将修正后的空机重量指数进行四舍五入保留到整数参与后续计算。

在飞机的重心指数标尺上，分别找到无油重心指数和起飞重心指数66和64作垂线。在飞机重量标尺上，找到实际的无油重量57286和实际的起飞重量64986，作水平线，分别与对应的重心指数相交，交点即为无油重心(ZFW)和起飞重心(TOW)。

根据起飞重心和无油重心在％MAC的斜线间的位置，估计出以平均空气动力弦表示的无油重心为30.3％，起飞重心为32.4％。根据起飞重心32.4％，在尾平标尺上读出起飞配平值为－0.5。将上述读数填在平衡图的相应位置。

在平衡占座栏的 Balance 填入的 ZFW 为 7286、ZFWCG 为 30.3％、TOW 为 64986、TOWCG 为 32.4％、TRIM 为－0.5。在 Setting Cond. 栏填入客舱各区域旅客人数，即 OA 处填：2CREW＋52；OB 处填：54；OC 处填：50。

在 Total Passengers 栏填入旅客人数包括占座机组人数，即 156＋2CREW；在 Prepared by 栏内签上制作者的姓名；机长在 Approved by 栏内签名，整个载重平衡图就制作完毕了，如图 6-27、图 6-28、图 6-29 所示。

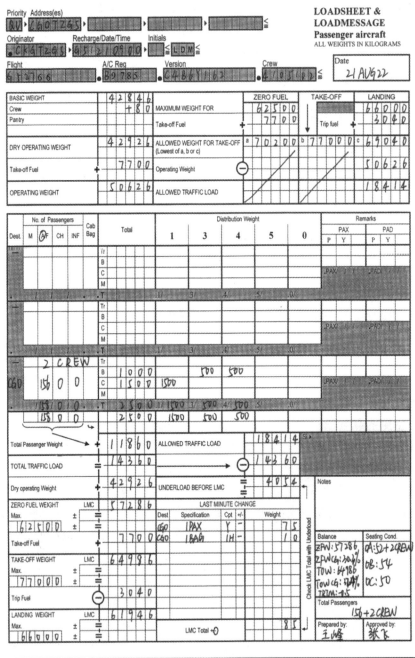

图 6-27　A320-214 载重表示例

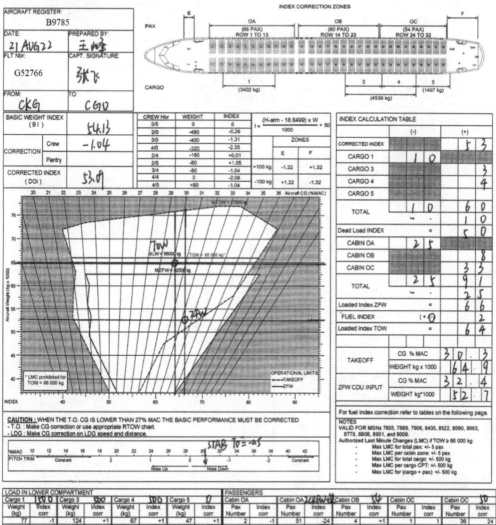

图 6-28　A320-214平衡图示例(一)

	LOAD and TRIM SHEET	A320-214
	FUEL INDEX TABLE	VERSION : 12 PC-168 YC

WEIGHT (kg)	DENSITY (kg/l) 0.785
3500	+1
4000	+0
4500	+0
5000	+0
5500	−1
6000	−1
6500	−2
7000	−2
7500	(−2)
8000	−3
8500	−3
9000	−3
9500	−3
10000	−3
10500	−3
11000	−3
11500	−3
12000	−2
12500	−2
13000	−2
13500	−3
14000	−4
14500	−4
15000	−5
15500	−6
16000	−7
16500	−7
17000	−8
17500	−9
18000	−10
18500	−11
FULL	−11

Completed by :
Signature :

Issue N°: G50400501 REV0
Date : 24/08/20

图 6-29　A320-214平衡图示例（二）

■ 职业理想课堂(红线思维抓安全,防患未然是关键)

油量错误对载重平衡的影响

(一)案例内容

某年5月,某机场地服公司配载员在进行某外籍航班保障时,发现机组提供的油量与以往提供的油量数据出入很大。此外,航班驻场代办传递给配载室的油单上显示起飞油量为14750 kg,航段耗油为14500 kg,航段耗油和起飞油量仅相差250 kg。

配载员去到飞机上和机组再次沟通确认,最终机组告知正确的航段耗油应该为11467 kg,与之前提供的航段耗油相差约3吨。

某航司的配载员在制作舱单时,误将三亚到广州的油量写成了三亚到北京的油量,导致耗油相差甚多。

(二)案例总结

配载人员对舱单各项信息要严格执行配载"双复核"制度,确保飞机号、油量、机组、旅客、行李、货物、重量、重心,以及特殊装载等信息均为最新且有效的信息。对于明显异常信息,要具备敏感性,确保信息落实到位,杜绝无复核或复核错误的舱单影响航班的安全、正点。

✈ 任务练习

(1)2022年8月,由B-506W号飞机(ARJ21-700(ER))执行G5722X航班(CKG—HET)飞行任务,预计离港时间是上午10:00,该飞机的空机重量为25883 kg,指数为63.12。最大起飞重量为43500 kg,最大落地重量为40455 kg,最大无油重量为34163 kg。航班上有旅客88/3/1,分布情况为OA区26人、OB区30人、OC区35人,占座机组被安排在OA区。行李重量为600 kg,装在4号货舱。货物重量为300 kg,装在2号货舱。起飞油量为7000 kg,耗油3500 kg。机组人数为2/3/2,客舱布局为Y95。LMC:-1 PAX,-1 BAG/15 kg。

请根据以上信息,制作手工舱单(见图6-30、图6-31)。

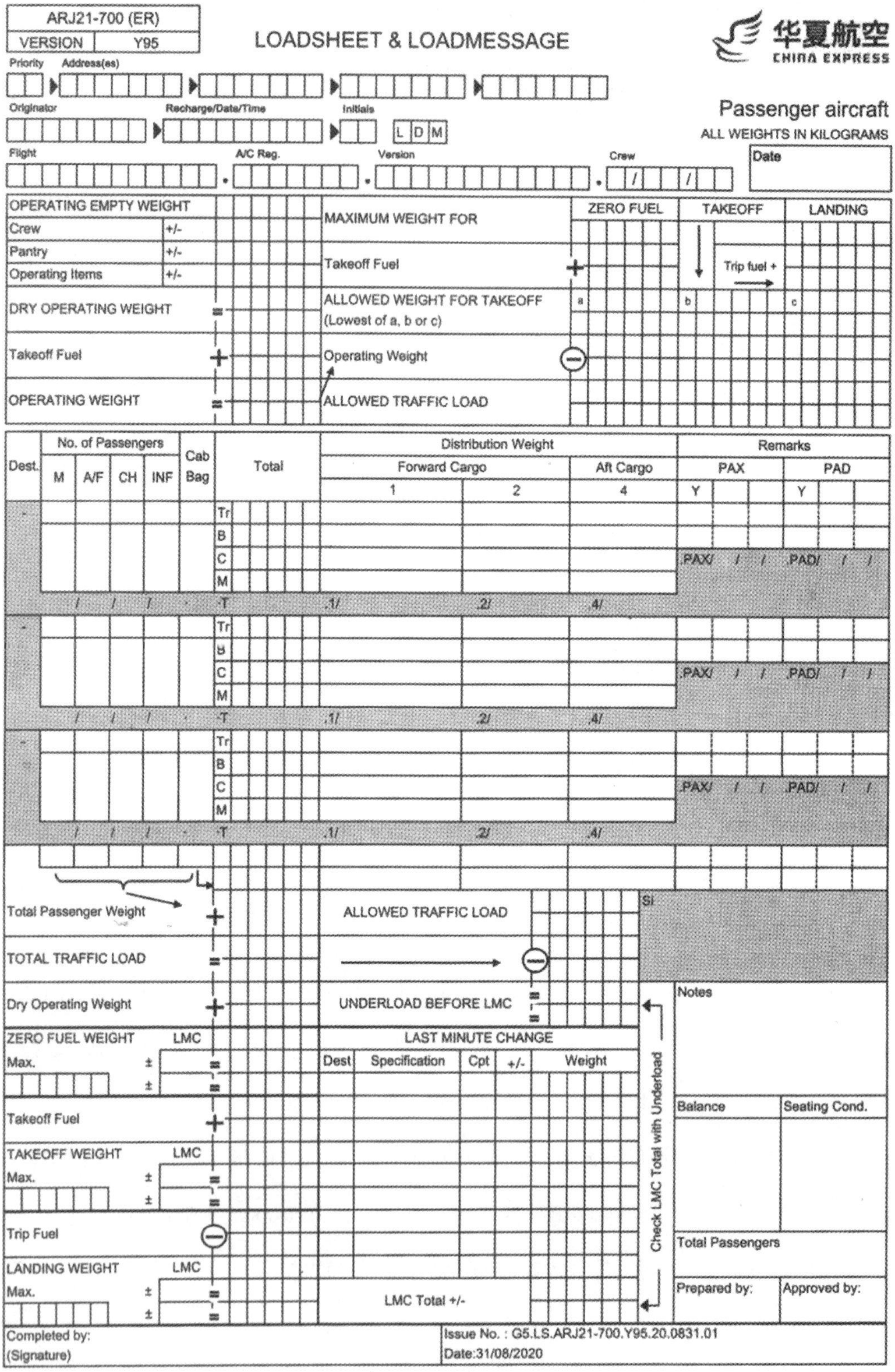

ARJ21-700 (ER)	
VERSION	Y95

LOADSHEET & LOADMESSAGE

华夏航空
CHINA EXPRESS

Priority   Address(es)

Originator   Recharge/Date/Time   Initials

L D M

Passenger aircraft

ALL WEIGHTS IN KILOGRAMS

Flight   A/C Reg.   Version   Crew   Date

OPERATING EMPTY WEIGHT			MAXIMUM WEIGHT FOR			ZERO FUEL	TAKEOFF	LANDING
Crew	+/-							
Pantry	+/-		Takeoff Fuel			+	Trip fuel +	
Operating Items	+/-							
DRY OPERATING WEIGHT	=		ALLOWED WEIGHT FOR TAKEOFF (Lowest of a, b or c)	a		b	c	
Takeoff Fuel	+		Operating Weight	−				
OPERATING WEIGHT	=		ALLOWED TRAFFIC LOAD					

	No. of Passengers				Cab Bag	Total	Distribution Weight			Remarks	
Dest.	M	A/F	CH	INF			Forward Cargo		Aft Cargo	PAX	PAD
							1	2	4	Y	Y
					Tr						
					B						
					C					.PAX/ / /	.PAD/ / /
					M						
	/	/	/	/	T	.1/		.2/	.4/		
					Tr						
					B						
					C					.PAX/ / /	.PAD/ / /
					M						
	/	/	/	/	T	.1/		.2/	.4/		
					Tr						
					B						
					C					.PAX/ / /	.PAD/ / /
					M						
	/	/	/	/	T	.1/		.2/	.4/		

Total Passenger Weight	+		ALLOWED TRAFFIC LOAD				Si
TOTAL TRAFFIC LOAD	=		→	−			
Dry Operating Weight	+		UNDERLOAD BEFORE LMC			←	Notes

ZERO FUEL WEIGHT	LMC		LAST MINUTE CHANGE					
Max.	±	=	Dest	Specification	Cpt	+/-	Weight	
	±	=						

Takeoff Fuel	+			Balance	Seating Cond.

TAKEOFF WEIGHT	LMC			
Max.	±	=		
	±	=		

Trip Fuel	−			Total Passengers

LANDING WEIGHT	LMC			
Max.	±	LMC Total +/-	Prepared by:	Approved by:
	±			

Check LMC Total with Underload

Completed by:
(Signature)

Issue No. : G5.LS.ARJ21-700.Y95.20.0831.01
Date:31/08/2020

图 6-30   ARJ21-700(ER)载重表

BALANCE CHART
ALL WEIGHTS IN KILOGRAMS

ARJ21-700 (ER)
VERSION: Y95

AIRCRAFT REGISTER :

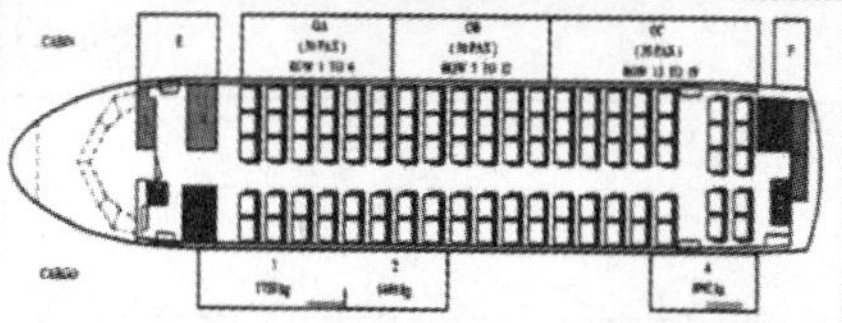

DATE :   PREPARED BY :

FLT Nbr :   CAPT.SIGNATURE :

FROM :   TO:

BASIC WEIGHT INDEX (BI)		
CORRECTION	Crew	
	Pantry	
CORRECTED INDEX (DOI)		

INDEX CORRECTION

CREW Nbr	WEIGHT	INDEX
3/3	0	0
3/2	-80	-0.48
3/0	-240	+0.00
2/3	-80	+0.99
2/2	-160	+0.51
2/0	-320	+1.00

$$I = \frac{(H\text{-arm} -16.217)\times W}{1000} + 50$$

ZONES

	E	F
+100kg	-1.15	+0.62
-100kg	+1.15	-0.62

	−	+
DOI		
CARGO 1		
CARGO 2		
CARGO 4		
TOTAL		
DLI	=	
CABIN OA		
CABIN OB		
CABIN OC		
TOTAL		
LIZFW	=	
FUEL INDEX	(−)	
LITOW	=	

TAKEOFF	CG %MAC	
	WEIGHT	
ZFW CDU INPUT	CG %MAC	
	WEIGHT	
TRIM SETTING		

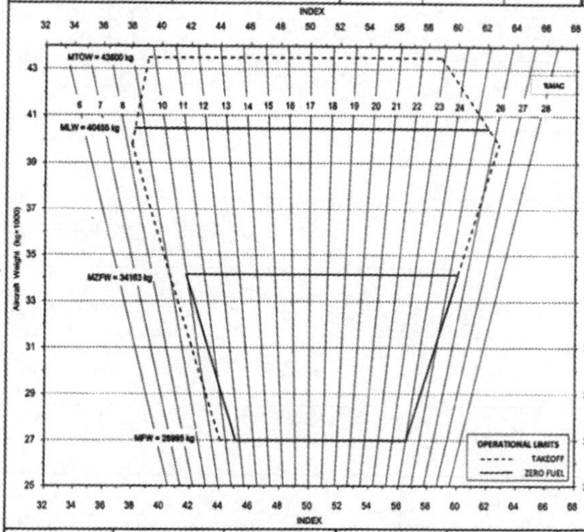

TRIM SETTING

%MAC	PITCH TRIM
31	-5.0
27	-5.2
23	-5.8
19	-6.4
15	-7.1
11	-7.9
7	-8.5
3	-10.3

OPERATIONAL LIMITS — — — TAKEOFF — — ZERO FUEL

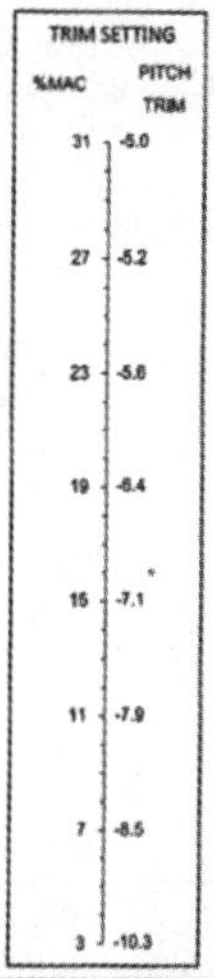

MTOW = 43600 kg MLW = 40455 kg MZFW = 34163 kg MFW = 28986 kg

CARGO 1 (Max. 1759 kg)		CARGO 2 (Max. 1449 kg)		CARGO 4 (Max. 1092 kg)		CABIN OA (Max. 30 Pax)		CABIN OB (Max. 30 Pax)		CABIN OC (Max. 35 Pax)		TOTAL FUEL LOAD 0.785 kg/l		TOTAL FUEL LOAD 0.785 kg/l	
WEIGHT	INDEX	WEIGHT	INDEX	WEIGHT	INDEX	NO. PAX	INDEX	NO. PAX	INDEX	NO. PAX	INDEX	WEIGHT	INDEX	WEIGHT	INDEX
1-64	-0.5	1-84	-0.3	1-100	0.3	1	-0.6	1	-0.2	1	0.1	250	-0.1	5750	-2.9
65-122	-1.0	85-156	-0.6	101-187	0.6	2	-1.1	2	-0.5	2	0.3	500	-0.3	6000	-2.9
123-180	-1.5	157-252	-1.0	188-302	1.0	3	-1.7	3	-0.7	3	0.4	750	-0.5	6250	-2.9
181-239	-2.0	253-324	-1.3	303-388	1.3	4	-2.2	4	-0.9	4	0.6	1000	-0.7	6500	-2.9
240-297	-2.5	325-396	-1.6	389-474	1.6	5	-2.8	5	-1.1	5	0.7	1250	-0.9	6750	-2.9
298-356	-3.0	397-492	-2.0	475-589	2.0	6	-3.4	6	-1.4	6	0.9	1500	-1.1	7000	-2.8
357-414	-3.5	493-564	-2.3	590-676	2.3	7	-3.9	7	-1.6	7	1.0	1750	-1.3	7250	-2.8
415-472	-4.0	565-636	-2.6	677-762	2.6	8	-4.5	8	-1.8	8	1.2	2000	-1.5	7500	-2.7
473-531	-4.5	637-732	-3.0	763-877	3.0	9	-5.0	9	-2.1	9	1.3	2250	-1.6	7750	-2.7
532-589	-5.0	733-804	-3.3	878-992	3.4	10	-5.6	10	-2.3	10	1.5	2500	-1.8	8000	-2.6
590-647	-5.5	805-876	-3.6	993-1092	3.8	11	-6.2	11	-2.5	11	1.6	2750	-1.9	8250	-2.6
648-706	-6.0	877-972	-4.0			12	-6.7	12	-2.8	12	1.7	3000	-2.1	8500	-2.5
707-764	-6.5	973-1044	-4.3			13	-7.3	13	-3.0	13	1.9	3250	-2.2	8750	-2.5
765-823	-7.0	1045-1116	-4.6			14	-7.9	14	-3.2	14	2.0	3500	-2.3	9000	-2.4
824-881	-7.5	1117-1212	-5.0			15	-8.4	15	-3.4	15	2.2	3750	-2.4	9250	-2.4
882-939	-8.0	1213-1284	-5.3			16	-9.0	16	-3.7	16	2.3	4000	-2.5	9500	-2.3
940-996	-8.5	1285-1356	-5.6			17	-9.5	17	-3.9	17	2.5	4250	-2.6	9750	-2.2
999-1056	-9.0	1357-1449	-6.0			18	-10.1	18	-4.1	18	2.6	4500	-2.7	10000	-2.2
1057-1114	-9.5					19	-10.7	19	-4.4	19	2.8	4750	-2.8	10081	-2.1
1115-1173	-10.0					20	-11.2	20	-4.6	20	2.9	5000	-2.8	10155	-2.1
1174-1231	-10.5					21	-11.8	21	-4.8	21	3.0	5250	-2.9	10386*	-2.2
1232-1290	-11.0					22	-12.3	22	-5.0	22	3.2	5500	-2.9		
1291-1348	-11.5					23	-12.9	23	-5.3	23	3.3			*TOTAL FUEL LOAD at 0.803 kg/l	
1349-1406	-12.0					24	-13.5	24	-5.5	24	3.5				
1407-1465	-12.5					25	-14.0	25	-5.7	25	3.6				
1466-1523	-13.0					26	-14.6	26	-6.0	26	3.8				
1524-1581	-13.5					27	-15.1	27	-6.2	27	3.9				
1582-1640	-14.0					28	-15.7	28	-6.4	28	4.1				
1641-1698	-14.5					29	-16.3	29	-6.7	29	4.2				
1699-1759	-15.1					30	-16.8	30	-6.9	30	4.4				
										31	4.5				
										32	4.6				
										33	4.8				
										34	4.9				
										35	5.1				

Completed by:
(Signature)

Issue No. : G5.LS.ARJ21-700.Y95.20.0831.01
Date:31/08/2020

图 6-31　ARJ21-700(ER)平衡图

（2）航班信息如表6-21所示，限制的最大起飞重量（MTOW）为37500 kg。

表6-21　航班信息表

日期	2022-08-02	
机型	CRJ900	
航班号	G5278X	
客舱布局	C3B4Y82	
航线	见放行报	
LMC	-2 PAX	
业载信息	PAX	80.2.1
	BY	300 kg
	C	200 kg
	M	100 kg
	BW	22256 kg
	BI	60.82

其中，行李、货物和邮件的分布情况是：行李放在3号货舱；货物和邮件放在1号货舱。

旅客分布情况：OA、OB、OC、OD、OE、OF区分别有0、16、20、16、16、14名旅客，2名占座机组人员被安排在OB区。

放行报文如下。

```
CLR
G5278X/0635Z  CRJ900  B608W
CREW：SARA JO BARTLETT/MA YIBO/ZHOU JIAXIAO/SCOTT
DEP: CKG DEP ALTN: NIL RTE ALTN: NIL
DEST: KWL ALTN: KWEKMG
TRIP FUEL: 3875KG  TAKE OFF FUEL: 6700KG  TOTAL FUEL:
6900KG
CREW NUMBER：2/3/2
SI: MTOW: 37500KG
```

请根据以上信息，制作手工舱单（见图6-32、图6-33、图6-34）。

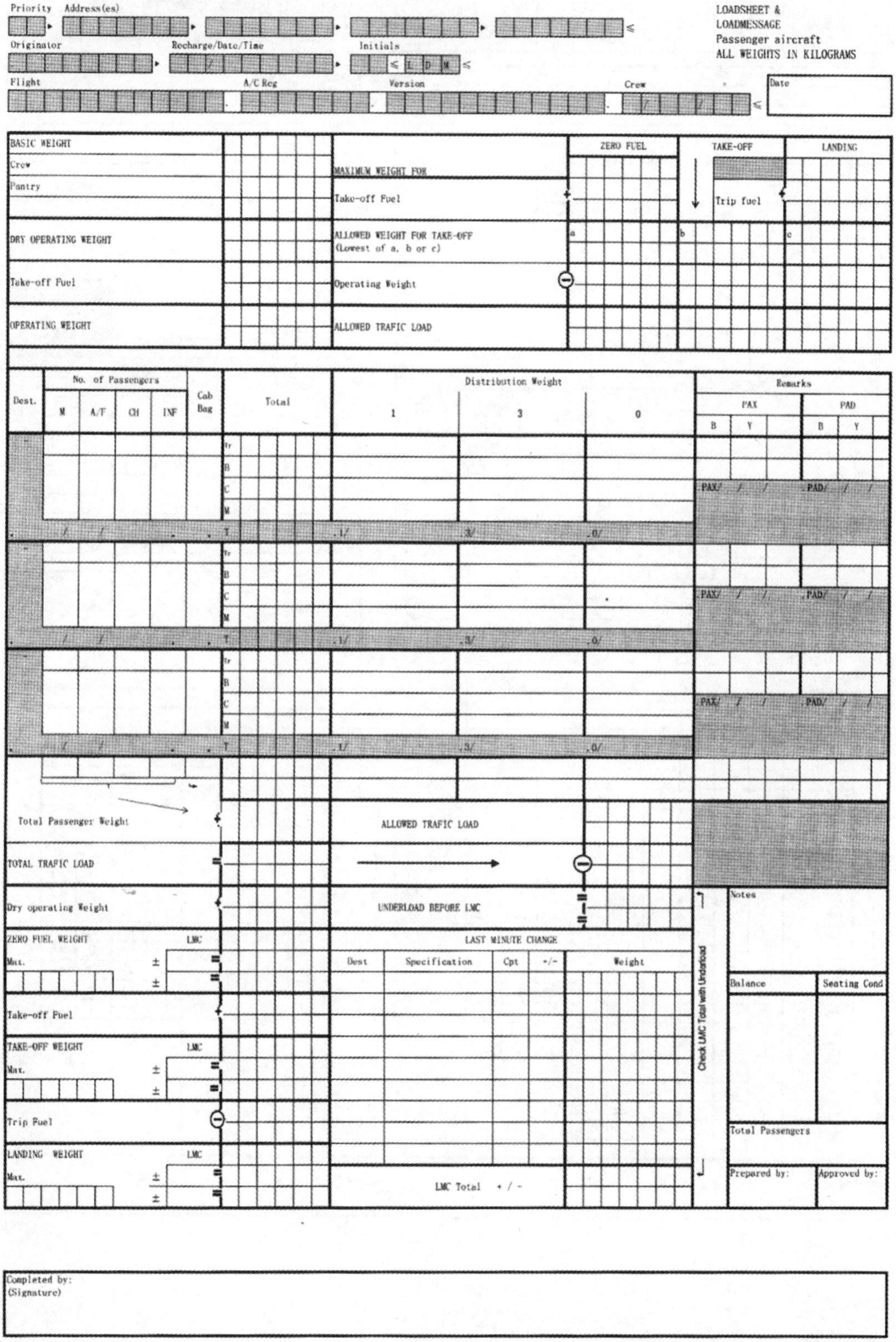

Priority   Address(es)

Originator   Recharge/Date/Time   Initials   ≤ L D M ≤

Flight   A/C Reg   Version   Crew

LOADSHEET &
LOADMESSSAGE
Passenger aircraft
ALL WEIGHTS IN KILOGRAMS

Date

BASIC WEIGHT						ZERO FUEL	TAKE-OFF	LANDING
Crew			MAXIMUM WEIGHT FOR					
Pantry			Take-off Fuel				Trip fuel	
DRY OPERATING WEIGHT			ALLOWED WEIGHT FOR TAKE-OFF (Lowest of a, b or c)	a	b		c	
Take-off Fuel			Operating Weight	⊖				
OPERATING WEIGHT			ALLOWED TRAFIC LOAD					

Dest.	No. of Passengers				Cab Bag	Total	Distribution Weight			Remarks			
	M	A/F	CH	INF			1	3	0	PAX		PAD	
										B	Y	B	Y

PAX/ / /   PAD/ / /

PAX/ / /   PAD/ / /

PAX/ / /   PAD/ / /

Total Passenger Weight

TOTAL TRAFIC LOAD   ALLOWED TRAFIC LOAD

Dry operating Weight   UNDERLOAD BEFORE LMC

ZERO FUEL WEIGHT   LMC   LAST MINUTE CHANGE

Max. | Dest | Specification | Cpt | +/- | Weight |

Take-off Fuel

TAKE-OFF WEIGHT   LMC

Max.

Trip Fuel   ⊖

LANDING WEIGHT   LMC

Max.   LMC Total   + / −

Check LMC Total with Underload

Notes

Balance   Seating Cond

Total Passengers

Prepared by: Approved by:

Completed by:
(Signature)

图 6-32 CRJ900 载重表

填制载重平衡图

项目六

197

| LOAD and TRIM SHEET | CRJ-900 VERSION :C3-B4-Y82 | | |

OA:ROW1　OB:ROW2-6　OC:ROW7-11
OD:ROW12-15　OE:ROW16-19　OF:ROW20-23

AIRCRAFT REGISTER:		PREPARED BY:				
FLT Nbr:		DATE:				
FROM:		TO:		I-(H-arm − 21.844)x W /460.85 ÷ 50		
BASIC WEIGHT INDEX			CREW Nbr	Weight	INDEX	CREW Nbr	Weight	INDEX
CORRECTION			3 / 3	0	0	3 / 0	-240	+3.4
CORRECTED INDEX (DOI)			3 / 2	-80	+2.3	2 / 0	-320	+6.0
			2 / 2	-160	+4.8	2 / 3	-80	+2.6

INDEX CALCULATION TABLE

	−	+
CORRECTED INDEX (DOI)		
CARGO 1		
CARGO 3		
TOTAL		
Dead Load INDEX	=	
CABIN OA		
CABIN OB		
CABIN OC		
CABIN OD		
CABIN OE		
CABIN OF		
TOTAL		
Loaded Index ZFW	=	
FUEL INDEX	(+ / −)	
Loaded Index TOW		
TAKEOFF	CG % MAC	
	WEIGHT kg×1000	
ZFW CDU INPUT	CG % MAC	
	WEIGHT kg×1000	
TRIM SETTING	FLAP 8°	
	FLAP 20°	

NOTES
CRJ-900 VERSION :C3-B4-Y82

(Graph: Aircraft weight (×1000kg) vs INDEX, with CG(%MAC) lines. MTOW 38329kg, MLW 34065kg, MZFW 32092kg. OPERATIONAL LIMITS: ------TAKEOFF, ——ZFW)

LOAD IN LOWER COMPARTMENT				PASSENGERS								PITCH TRIM												
Cargo1		Cargo3		Pax	Cabin						Stabilizer Trim Setting(FLAP 20°)								Stabilizer Trim Setting(FLAP 8°) FOR ALL T/O WEIGHT			
Weight	Index	Weight	Index	Number	OA	OB	OC	OD	OE	OF	Weights 24948kg and Below				Weights 26308kg and Above							
											CONMAC	Trim	CONMAC	Trim	CONMAC	Trim	CONMAC	Trim	CONMAC	Trim	CONMAC	Trim
15	-0.2	15	0.3	1	-1.8	-1.3	-0.7	-0.2	0.4	0.9	10	7.6	23	5.5	10	8.6	23	6.2	10	8.4	23	6.2
30	-0.4	30	0.6	2	-3.6	-2.7	-1.5	-0.3	0.8	1.8	11	7.4	24	5.4	11	8.5	24	6.1	11	8.3	24	6.0
45	-0.6	45	0.8	3	-5.4	-4.0	-2.2	-0.5	1.2	2.6	12	7.3	25	5.2	12	8.3	25	5.9	12	8.1	25	5.9
60	-0.9	60	1.1	4		-5.4	-3.0	-0.7	1.6	3.5	13	7.1	26	5.1	13	8.1	26	5.7	13	7.9	26	5.7
90	-1.3	75	1.4	5		-6.7	-3.7	-0.9	2.0	4.4	14	7.0	27	4.9	14	7.9	27	5.5	14	7.8	27	5.5
105	-1.5	90	1.7	6		-8.1	-4.5	-1.0	2.4	5.3	15	6.8	28	4.7	15	7.7	28	5.3	15	7.6	28	5.3
120	-1.7	105	1.9	7		-9.4	-5.2	-1.2	2.8	6.2	16	6.6	29	4.6	16	7.5	29	5.2	16	7.4	29	5.2
135	-1.9	120	2.2	8		-10.8	-6.0	-1.4	3.1	7.0	17	6.5	30	4.4	17	7.4	30	5.0	17	7.2	30	5.0
150	-2.1	135	2.5	9		-12.1	-6.7	-1.5	3.5	7.9	18	6.3	31	4.3	18	7.2	31	4.8	18	7.1	31	4.8
225	-3.2	150	2.8	10		-13.5	-7.5	-1.7	3.9	8.8	19	6.2	33	4.1	19	7.0	33	4.6	19	6.9	33	4.6
300	-4.3	300	5.6	11		-14.8	-8.2	-1.9	4.3	9.7	20	6.0	33	3.9	20	6.8	33	4.4	20	6.7	33	4.4
450	-6.4	450	8.4	12		-16.2	-9.0	-2.0	4.7	10.6	21	5.8	34	3.8	21	6.6	34	4.2	21	6.5	34	4.3
600	-8.5	600	11.1	13		-17.5	-9.7	-2.2	5.1	11.4	22	5.7	35	3.6	22	6.4	35	4.1	22	6.4	35	4.1
750	-10.7	750	13.9	14		-18.9	-10.5	-2.4	5.5	12.3												
765	-10.9	900	16.7	15		-20.2	-11.2	-2.6	5.9													
771	-11.0	1050	19.5	16		-21.6	-12.0	-2.7	6.3													
		1200	22.3	17		-22.9	-12.7															
		1350	25.1	18		-24.3	-13.5															
		1425	26.5	19		-25.6	-14.2															
		1485	27.6	20		-27.0	-15.0															
		1497	27.8																			

Note:
24948 kg < Take-off Weight < 26308 kg,
TailplaneSetting have to be interpolated

注意：24948KG < 起飞重量 < 26308 kg,
襟翼20°的TRIM值需使用插值法

Completed by :
Signature :

图 6-33　CRJ900平衡图(一)

LOAD and TRIM SHEET	CRJ-900 VERSION :C3-B4-Y82

填制载重平衡图

项目六

Main Fuel Tanks	
WEIGHT (kg)	DENSITY (kg/l) 0.785
227	-0.3
400	-0.6
600	-0.8
800	-1.1
1000	-1.3
1200	-1.5
1400	-1.7
1600	-1.9
1814	-2.1
2000	-2.2
2200	-2.3
2400	-2.4
2600	-2.5
2800	-2.5
3000	-2.6
3200	-2.6
3400	-2.6
3600	-2.5
3800	-2.5
4000	-2.4
4200	-2.3
4400	-2.2
4600	-2
4800	-1.8
5000	-1.6
5200	-1.4
5400	-1.1
5600	-0.8
5800	-0.4
6000	0
6200	0.4
6400	0.9
6600	1.4
6797	1.9
Full Mains+Center	
7031	1.5
7300	1.1
7500	0.9
7700	0.7
8000	0.4
8200	0.1
8400	-0.2
8600	-0.4
8800	-0.7
8888	-0.9

图 6-34　CRJ900 平衡图(二)

评价反馈

小组代表陈述后,由各位同学和老师进行打分评价,并由老师进行最终点评,评价反馈表,如表6-22所示。

表 6-22　任务结果评价反馈表

组号	评价内容			
评价人	载重平衡图填制的规范性(25分)	载重平衡图填制的正确性(30分)	载重平衡图填制的认真程度(比如字体是否工整、有无乱涂乱画)(25)	小组成员的具体贡献(20分)

任务一　拍发载重电报

任务目标

【知识目标】

(1)掌握载重电报的格式及要求。

(2)熟记电报中常用的简语。

【能力目标】

能认读和拍发载重电报。

【素质目标】

通过实际工作案例,学生要学习认真细致的工作态度与行事风格,形成航空安全服务意识,树立敬畏之心。

任务背景

经过前面的学习,小顾对配载岗位及工作有了较全面的认识,为了更好地培养小顾,陈主管给小顾的电报信息如下。

　　QU PEKAPQW

　　·SHAKLQW 110444

　　LDM

　　QW5678/13.B6133.F38Y262.3/14

　　PEK.225/0/3/0.T5652.2/2490.3/2303.5/859.PAX/3/225.PAD/0/0

　　SI

　　DOW 126308

　　DOI 87.56

　　PEK FRE 3839 POS 0 BAG 92/1213 TRA 0/0/0/0

✈ 任务要求

陈主管请小顾通过查找资料、请教同事等方式,识读本航班的载重电报。

✈ 知识链接

民航业务信息交流的绝大部分是通过拍发电报的方式实现的,因此业务电报拍发的质量直接影响航班运营的安全,以及为客户提供服务的质量等。所以,相应工作人员应该足够了解并掌握业务电报知识。

一、电报的组成 ✈

电报一般由报头、电报等级代号、收电单位地址、发电单位地址、电文、报尾六部分组成,以下做部分介绍。

(一)电报等级代号

发电单位必须在收电单位地址前填写一个适当的等级代号,表示电报的紧急程度。电报一般分为五个等级,电报等级由高到低依次是:一级报(代号为SS、QS)、二级报(代号为QC)、三级报(代号为QU、QX)、四级报(无等级代号)、五级报(代号为QD、QK)。

一般来说,电报级别越高,优先拍发权越高,费用也越贵。因此,拍发电报时应根据具体情况,选择适当的电报等级。载重电报的等级一般是三级报(QU)。

(二)收电单位地址

收电单位地址由7个字母组成。前3位是收电单位所在城市或机场的三字代码。当一个城市是"一城双场",将电报发往其中一处时,必须使用相应的代码。第4—5位是收电单位的部门代码。第6—7位是收电单位所属航空公司的二字代码。比如,北京中国国际航空公司首都机场国内值机部门,表示为PEKTZCA。

(三)发电单位地址

发电单位地址前应加一个黑点,为发电地址开始信号,也表示收电地址结束。

发电单位地址的组成方式与收电单位地址的相同。

(四)电文

电文一般每行不超过69个字符,电报的总长度不超过2000个字符,如果超过了,电文一定要分为几个部分,每个部分也不能超过规定字符,而且必须有相同的收电地址和发电地址,每部分的次序应列在电文的结尾。

二、载重电报 ✈

载重平衡工作处理的电报包括载重电报和集装箱板布局报两种。其主要用途是让航班沿线各站预先得知该航班基本数据和实际旅客人数、实际业载,以及各货舱装载情况。

（一）载重电报的作用

拍发载重电报的目的是让航班沿线各航站预先得知该航班实际业载情况，以便各航站了解到达本站的航班的业载情况，做好接机准备，同时，与相关经停站交接本站的过站业载情况，以准确计算本站实际可用业载，进行配载工作。配载员还应注意电报SI项目中标注的其他特殊注意事项，比如危险品信息、特殊装载信息、减载信息等。

（二）拍发载重电报的规定

拍发载重电报的规定主要有四个：一是，载重电报应在飞机起飞后5分钟内发出；二是，载重电报应根据载重表上最后结算的数字编制，必须和实际载重情况完全相符，因此电报编好后要认真核对，防止写错、算错或用错代号；三是，飞机上如果载有特别重要、紧急的物品或有重要的事项需要通知前方航站，可以在电文中用规定的代号或用文字作简要说明；四是，载重电报的识别代号为LDM。

（三）载重电报的内容和格式

载重电报主要由以下六部分组成。

第一部分，电报等级代号和收电单位地址。

第二部分，发电单位地址及日时组（发电单位地址前应加一黑点，隔开收电地址）。

第三部分，电报识别代号LDM。

第四部分，格式为"航班号/当地日期.飞机注册号.飞机布局.机组人数"。其中，"飞机布局"为各等级客舱座位数，格式为"F舱座位数/C舱座位数/Y舱座位数"；"机组人数"格式为"驾驶舱人数/乘务员人数"，如果需要区分男女乘务员，则可表示为"驾驶舱人数/男乘务员人数/女乘务员人数"。

第五部分，格式为"到达站.旅客人数.货舱装载的货物、邮件、行李总重量.各货舱舱位和分别装载的载量.旅客所占座位.PAD、SOC、DIP等占用座位情况"。其中，"到达站"指有业载下机的机场，在三字代码前加一个连字符号；"旅客人数"可表示为"成人/儿童/婴儿"或"成人男/成人女/儿童/婴儿"，如果某到达站只有业载下机无旅客下机，应在相应地方填上零，如果某到达站没有业载下机就用"NIL"表示；"货舱装载货物的总重量"用"T"表示；"旅客所占座位"表示为"PAX/F舱人数/C舱人数/Y舱人数"；"PAD、SOC、DIP等占用座位情况"表示为"PAX/F舱人数/C舱人数/Y舱人数"。

第六部分，附加信息。应在载重报的底下标明，但须另起一行，以"SI"开头，并在其后空一格。无固定格式，一般用简语及英文表达。

三、电报中常用的简语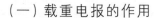

在与民航配载平衡地面服务工作关系密切的电报中，经常可以看到一些代码缩写，这些代码的主要作用是提示操作人员采取相应的操作策略。常用客运操作代码如表7-1所示，常用货运操作代码如表7-2所示。

表7-1 常用客运操作代码

代码	中文含义	代码	中文含义
A/C	飞机	MATS	军事航空运输服务
AGT	代理人	NOSH	误机
B	行李	NSST	无烟座位
BBML	婴儿食物	OW	单程
BLKD	锁定座位	PAX	旅客
BLND	盲人旅客	SEMN	海员
CAT	餐车	SOC	被行李、邮件货物占用的座位
CBBG	手提行李	UM	无成人陪伴儿童
CHD	儿童	VGML	素食旅客
CHTR	包机	VIP	重要旅客
COM	公务邮件	CRB	机组行李
ELC	机舱设备	DHC	不参与飞行的占座机组成员
DEAF	听障人士	INF	婴儿
EMIG	移民	GRPS	团体旅客

表7-2 常用货运操作代码

代码	英文全称	中文全称
AOG	Aircraft on ground	航材
AVI	Live animal	活动物
BIG	Outsized	超大货物
CAO	Cargo aircraft only	仅限货机
DIP	Diplomatic mail	外交邮袋
EAT	Foodstuffs	食品
FIL	Undevelooped/unexposed film	未冲洗未曝光的胶卷
FRO	Frozen goods	冷冻货物
HUM	Human remains in coffins	尸体
ICE	Dry ice	干冰
LHO	Living human organs/blood	人体器官/鲜血
NWP	Newspapers, magazines	报纸、杂志
OBX	Obnoxious cargo	有强烈异味的货物
OHG	Overhang item	拴挂货物

✈ **任务实施**

本着准确、认真、严谨的原则,小顾对任务中的载重电报进行识读,具体见表7-3。

表 7-3　载重电报识读

报文	解释
QU PEKAPQW	电报等级为三级报(QU);收电地址为北京首都机场青岛航空国际值机驻外办事处机场办公室
●SHAKLQW 110444	SHAKLQW 是发电地址,即上海虹桥机场青岛航空机场国际配载室;110444 是日时组,即 11 日,格林尼治时间是 0444
LDM	电报识别代码,LDM 载重电报
QW5678/13.　B6133.　F38Y262.3/14	代表信息为"航班号/日期.飞机注册号.座位布局.机组人数",即航班号为 QW5678;日期为 13 日;飞机注册号为 B6133;座位布局为 F38Y262;机组人数为 3/14
PEK.225/0/3/0.T5652.2/2490.3/2303.5/859.PAX/3/225.PAD/0/0	代表信息为"目的站.旅客人数.货舱装载总重量.各货舱装载重量.旅客舱位等级人数.可以拉下旅客人数"。即北京首都机场;旅客有成人 225 人、儿童 3 人、婴儿 0 人;货舱装载总重量为 5652,其中 2 号舱装载重量为 2490,3 号舱装载重量为 2303,5 号舱装载重量为 859;头等舱旅客 3 人,经济舱旅客 225 人
SI	附加信息,以下的内容为补充说明信息
DOW 126308	飞机修正后的基本重量
DOI 87.56	飞机修正后的指数
PEK FRE 3839 POS 0 BAG 92/1213 TRA 0/0/0/0	其他,无固定格式,一般以简语及英文表达。即北京首都机场货物重量为 3839,邮件重量为 0,行李 92 件/1213 千克,转运货物 0

■ 职业理想课堂(红线思维抓安全,防患未然是关键)

(一)国航撞鸟——民航电报大显神通

2013 年 6 月,中国国航一架执飞成都—广州航班的波音 757 在起飞后不久就遭遇鸟击,飞机机载雷达罩被撞出凹洞,机组立即拍发电报给指挥中心,决定返航,随后飞回成都双流国际机场,没有造成人员伤亡。国航收到电报后迅速调派另一架飞机执行该航班的飞行任务,并安全抵达广州。

(二)一份劫机电报救乘客于水火之中

1991 年 3 月,四名劫匪劫持了一架新加坡航空公司飞往新加坡的飞机。机长临危不乱,使用电报向新加坡安全部门求救,并获得了有效回应。在进行了周密的安排和演练之后,新加坡派遣特种武装部队登机击毙了劫机者,乘客和机组人员无一伤亡,圆满完成了营救任务。

(三)紧急电报挽救重症乘客生命

2019 年 10 月,民航山东空管分局突然接到桂林航空公司一航班的紧急呼叫。飞机上有一位老年男性乘客,突发急症失去意识,脉搏微弱,呼吸困难,需要救护车,并请求优先落地。民航山东空管分局接到飞机发出的紧急电报后,立刻启动应急预案,协助飞机紧急速降,为抢救飞机上的急症病人赢得了宝贵时间。

经过上述民航电报风险案例学习,我们发现在民航的安全发展历程上,电报曾经起着非常重要的作用。发出电报的工作人员,不仅要有过硬的业务技能,还要有高度的责任心,更要具备细心、严谨、专业、负责任的工作态度,确保信息传递的及时性和准确性,用切实行动保障民航飞行安全。

■ 拓展阅读

中国民航电报系统发展史简介

中国民航就像一只展翅高飞的雄鹰,越飞越高,民航通信事业就像是雄鹰的羽毛,因为只有作为"羽毛"的通信事业日益丰满,民航业这只雄鹰才能真正展翅高飞。民航电报系统作为信息通信的重要组成部分,能保障空管和飞机飞行安全工作的高效开展。

民航电报系统的发展按传输方式划分,经历了三个阶段:无线(莫尔斯电码)阶段、有线(电传、自动转报)阶段、无线和有线混合使用(卫星、光纤等)阶段。

一、无线阶段

莫尔斯电码是一种远程无线电通信手段,曾经作为电报的主要手段,为人类通信史和民航发展做出了巨大的贡献。但由于这种手段通过无线电进行通信,不可避免地会受到外界和天气等自然条件的影响,容易导致通信质量不好。报务员从受到干扰的微弱信号中抄收对方发来的电报比较困难,信号极弱时,只能听到"沙沙"的声音。抄不到目的地机场的气象报、计划报,易造成飞机无法起飞或延误,飞机起飞后经常因为发不出起飞报造成返航困难的事情时有发生,给空管和飞行安全造成了隐患,带来了诸多不便。

二、有线阶段

随着电报业务量的增加,我国航空电报传输从20世纪80年代初开始主要使用老式的电传机,20世纪90年代,电传机逐渐被淘汰,民航引进了32路自动转报系统。此时,航司租用电信的线路与机场报台连接,形成了全国民航自动转报的转报网络。这一阶段,从人工派送到自动转报使电报传输迈上了一个新的台阶,进入了一个新的阶段——自动转报阶段。

三、无线和有线混合使用阶段

随着时代的发展和现代通信、网络技术的进步,光纤这种传输介质以传输距离远、速率高、带宽大、衰减小、抗干扰性能好、适合远距离传输等优点被广泛运用于民航通信中。近年来,转报系统与工作稳定、速率高的华北语音数据网或ATM等传输设备相连接,租用移动、联通、电信等不同运营商的2M光纤线,互为冗余、互为备用线路完成电报的传输,而将卫星这种无线通信作为备用传输手段。如今,多种传输设备、多种传输方式、多种传输线路共同保障了民航空管、民航结算、航务管理等业务信息的传输。

 **任务练习**

任务书

一、任务描述

2022年8月,CA1505航班(PEK—SHA—CAN),飞机号B2508,额定机组3/4,客舱布局F8Y104。

SHA业载情况为旅客05/02/00,其中头等舱旅客1名;行李3件共27 kg装在4号舱;无邮件;货物2件共36 kg装在1号舱。

CAN业载情况为旅客71/00/00,其中头等舱旅客5名;行李47件共600 kg装在4号舱;邮件4件共60 kg装在4号舱;货物22件共345 kg装在1号舱(其中有1件3 kg的急救药品到CAN)。

二、任务要求

1.结合任务描述,请谈谈你对载重电报的认识。

2.作为本航班的配载员,请拍发本航班的载重电报。

三、任务分工

班级		组号		授课教师	
组长		学号			

组内成员

姓名	学号	问题1	问题2

四、任务实施

评价反馈

小组代表陈述后,由各位同学和老师进行打分评价,并由老师进行最终点评,评价反馈表,如表7-4所示。

表7-4　任务结果评价反馈表

组号	评价内容	
评价人	问题1	问题2

任务二　拍发集装箱板分布报

 任务目标

【知识目标】

掌握CPM报拍发格式及要求。

【能力目标】

会认读和拍发CPM报。

【素质目标】

通过实际工作案例,学生要学习严谨科学的专业精神、团结协作的工作作风、敬业奉献的职业操守,要立足岗位践行新时代民航人的使命。

任务背景

陈主管对小顾认真完成载重电报的结果表示肯定,但是为了让小顾更全面地掌握配载业务电报,陈主管又给了小顾一份电报,电报的具体内容如下。

```
QU PEKAPQW
 · SHAKLQW 110444
CPM
QW5678/13.B6133.F38Y262
-23P/PMC30058QW/PEK/1180/C2         -24P/P6P2290QW/PEK/1310/C2
-31P/PMC23066QW/PEK/850/C2          -    32L/AKE24539QW/PEK/
726/B0
-32R/AKE24722QW/PEK/727/B0
-51/PEK/239/C.AVI                   -53/PEK/620/C
SI
```

任务要求

陈主管请小顾通过查找资料、请教同事等方式,识读本航班的电报。

 **知识链接**

 一、集装箱板分布报的作用

集装箱板分布报,又称箱板报。拍发集装箱板分布报的目的是为航班各站提供集装箱板分布信息和箱板利用情况,包括集装箱板在飞机货舱的位置、外形代号、编号、箱板,以及所承载的重量、到达站等信息,以便前方站做好充分的卸机和装机准备工作。

 二、拍发集装箱板分布报的规定

拍发集装箱板分布报的规定主要有四个:一是集装箱板分布报应在飞机起飞后5分钟内发出;二是即使没有被集装设备占用的舱位也必须说明;三是集装设备的装载位置必须与箱板报相符;四是集装箱板分布报的识别代号为CPM。

 三、集装箱板分布报的内容和格式

集装箱板分布报的内容和格式主要由以下五部分组成。

第一部分,电报等级代号和收电单位地址。

第二部分,发电单位地址及日时组(发电单位地址前应加一黑点,隔开收电地址)。

第三部分,电报识别代号CPM。

第四部分,格式为"航班号/当地日期.飞机注册号.飞机布局.机组人数"。

第五部分,格式为"集装设备在飞机上的位置(在前面加一个连字符号)/集装设备到达站的三字代码/集装设备编号/集装设备装载重量/业载种类代号"。此部分需注意以下内容。一是,对于到达站,空集装设备位置和直达航班,可以省略到达站三字代码。二是,超过一个以上到达站时,每个到达站的业载重量都要表示出来。如果集装设备的皮重没有包括在重量之内,那么皮重要包括在集装设备的最后一个到达站的业载重量内。三是,可利用的舱位情况,代号为"AV",前面应加一黑点,后跟数字("0"代表满载;"1"代表舱位剩余1/4;"2"代表舱位剩余1/2;"3"代表舱位剩余3/4),满载时可省略。可利用的舱位情况通常用在多航段航班中,以告知前方航站尚可利用的载量空间。

第六部分,附加信息。此部分须另起一行,以"SI"开头,主要内容包括特殊货物、行李、邮件装载的备注说明。具体说明时可省去装载位置和重量,每一备注说明前应加一黑点。

 **任务实施**

本着准确、认真、严谨的原则,小顾对任务中的集装箱板分布报进行识读,具体见表7-5。

表 7-5　CPM 报识读

报文	解释
QU PEKAPQW	电报等级为三级报(QU);收电地址即北京首都机场青岛航空国际值机驻外办事处机场办公室
●SHAKLQW 110444	SHAKLQW 是发电地址,即上海虹桥机场青岛航空机场国际配载室;110444 是日时组,即 11 日,格林尼治时间是 0444
CPM	电报识别代码,CPM 集装箱板分布电报
QW5678/13.B6133.F38Y262	代表信息为"航班号/日期.飞机注册号.座位布局",即航班号为 QW5678 航班;日期为 13 日;飞机注册号为 B6133;座位布局为 F38Y262
-23P/PMC30058QW/PEK/1180/C2 -24P/P6P2290QW/PEK/1310/C2 -31P/PMC23066QW/PEK/850/C2 -32L/AKE24539QW/PEK/726/B0 -32R/AKE24722QW/PEK/727/B0 -51/PEK/239/C.AVI -53/PEK/620/C	代表信息为"连字符号 集装设备在飞机上的位置/集装设备编号/目的站/集装设备装载重量/业载种类代号"。即 2 舱 3 号位放一个集装板,集装板编号为 PMC30058QW,目的地为首都机场,货物重量为 1180 千克,这个位置的集装板还有二分之一的空间可以用,其他同理可解释
SI	附加信息,以下内容为补充说明信息

■ 职业理想课堂(红线思维抓安全,防患未然是关键)

(一)川航电报服务——"以指尖上的温情,传民航人的关爱"

为践行社会主义核心价值观,响应民航局有关特殊旅客运输关爱行动,重视特殊旅客的运输需求,改善特殊旅客乘机服务环境,四川航空 2018 年启动了一系列特殊旅客运输服务关爱举措。在特殊旅客登机后,始发地机场值班部门会第一时间传送电报给目的地机场值班部门,为需要服务的特殊旅客提供特殊服务。截至 2020 年,四川航空在 20 多万架航班上实施推广,收益特殊旅客数量超过 2767 万人次。

(二)配载员拍发电报马虎大意险些酿成安全事故

2021 年 6 月,某航空公司航班的地服人员在和乘务人员核对过站旅客人数时发现少了 2 人(航班电报显示 45 人,系统显示 43 人),经地服人员扫描登机牌过站旅客确定登机人数为系统显示的 43 人。

经了解,原因是飞机在出港时,临时有两名旅客下机,但是配载员在拍发电报时没有注意到实际情况,拍发的电报人数错误,险些酿成事故。

经过上述电报拍发案例学习,我们发现电报的拍发工作和航班运营的安全、旅客的客户满意度息息相关。若配载员在拍发电报时,不严格按照规章进行作业,工作作风不严谨,责任心不强,未严格核对数据信息,会影响飞机飞行安全,甚至酿成乌龙。为此,作为一名优秀的配载人员不仅要有过硬的业务技能,还要有严谨科学的专业精神、团结协作的工作作风、敬业奉献的职业操守,做到电报拍发及时高效,拍发内容准确无误,确保信息传递的及时性和准确性,降低人为因素造成的风险。

民航通信系统的发展历程

《永不消逝的电波》给我们留下了深刻的印象。在那个年代,莫尔斯电报作为一种远程无线电通信手段,广泛应用于公网、民航和军事通信领域,它对人类通信产生影响长达数十年。莫尔斯电报曾经是民航电报传输的主要手段,它具有成本低、可靠性较高等优点,但由于此类电报采用无线电进行通信,不可避免地会受到来自外界信号的干扰和自然条件等因素的影响,使得通信质量不是很好。同时,整个系统采用人工作业,效率相对低下。

随着我国民航事业不断发展,电报业务量急剧增加,完全依赖人工作业的莫尔斯电报系统已经不适应民航通信业的快速发展了。

20世纪90年代开始,我国民航各管理局建立了X.25分组交换网,并陆续从国外引进了先进的自动转报设备。这些转报设备能自动承转AFTN和SITA格式的电报。"八五"期间,我国民航以中国民航局的节点机为网控中心(主节点),华东、中南、乌鲁木齐、西南、西北、华北、东北这七个管理局的节点机为分节点,建立了96路中高速自动转报系统,在各省(市、区)局所在地,以及重要航站建立了32路自动转报系统,通过租用邮电线路,形成了全国民航自动转报并与国际民航联网的转报网络。"九五"期间,我国民航转报机和网络结构升级,主干网采用技术上相对较先进的帧中继网络,采用DDN和民航专用的C波段卫星链作为相互备份路由,同时,对帧中继网络的业务范围进行了拓展,除传输电报外,还为局域网、空管网、GNSS卫星完好性监测等系统搭建了良好的接入平台。经过多次提速,目前干线速率已达到2 Mbit/s,基本满足了民航现有电报信息量的需求。

随着民航通信事业的发展,除电报系统外,我国民航还构建了航行情报系统、导航系统、雷达系统、气象数据库、订座订票系统和财务结算系统等。但这些通信子网比较分散,飞机和地面工作人员要想迅速准确地得到一个全面的通信数据还难以做到,这极大地限制了民航事业的发展。为了构建一个更为统一、高效、功能强大的信息平台,1983年,国际民航理事会开始研制面向21世纪的新航行系统(FANS),即新的民航通信(C)、导航(N)、监测(S),以及空中交通管理系统(ATM)系统(CNS/ATM系统)。这个新系统的基础是要建设一个全球范围的航空电信网(ATN)。该网融地面数据通信和地空数据通信为一体,能够实现飞机通过卫星、甚高频和S模式二次雷达间的地空数据链路与地面空中交通管制中心和航空公司航务管理中心计算机通信,实现地面各空中交通管理计算机之间,以及它们与航空公司、民航当局、航空通信公司计算机系统之间的高速数据交换。

不难看出,新的航空电信网(ATN)已经从原来的民航地面电报、简单的数据网上升为一种立体的航空数据交换网络。而且,从其应用的角度分析,地空间、地面间的信息交换绝大部分将过渡到数据业务,利用计算机可以直接进行交换与对话。ATN由各个不同的航空通信子网互连而成,所有子网的用户都可以相互通信。不同于普通公用网络的是,航空网络处理各种业务时分优先等级,这是由民航通信的特点决定的。

任务书

一、任务描述

2023 年 7 月,CA958 航班(PEK—XMN—SIN),飞机号 B2032,机型 767 - 300,额定机组 4/12,客舱布局 F16Y226。

至 XMN,货物共 3560 kg,分装在 2 舱的 1 号集装板位 1310 kg,2 号集装板位 2250 kg,集装板号分别为 P1P01106CA、P6P02201CA。邮件 730 kg,装在 1 舱的左 2 号集装箱位,集装箱号 DPE70002CA。行李 700 kg,装在 1 舱的左 1 号集装箱位,集装箱号 DPE70004CA。

至 SIN,货物共 2550 kg,分装 250 kg 在 1 舱的右 1 号集装箱位,集装箱号 DPE70005CA,该箱尚有大于 1/4 的空间剩余,分装 2300 kg 在 1 舱的 2 号集装板位,集装板号为 P6P00001CA;行李 800 kg 在散货舱 5 舱;邮件 900 kg,装在 3 舱的右 3 号集装箱位,集装箱号为 DPE70006CA。该飞机上还载有 1 个运达 SIN 的空集装箱,箱号 DPE70105CA,在 3 舱的右 1 号箱位。

根据以上情况,飞机起飞后,13∶10,工作人员向 XMN 站和 SIN 站拍发了集装箱板分布电报。

二、任务要求

1.结合任务描述,请谈谈你对载重电报的认识。

2.作为本航班的配载员,请拍发本航班的集装箱板布局报。

三、任务分工

班级		组号		授课教师	
组长		学号			

组内成员

姓名	学号	问题1	问题2

四、任务实施

小组代表陈述后,由各位同学和老师进行打分评价,并由老师进行最终点评,评价反馈表,如表7-6所示。

表 7-6　任务结果评价反馈表

组号	评价内容	
评价人	问题1	问题2

实 训 篇

任务一 航班计划编制

 任务描述

在航班集中配载系统中维护航班计划,为后续的航班配载进行航班数据准备。

学习目标

(1)了解航班计划与航班集中配载操作业务的关联。

(2)学习航班计划编排涉及的民航业务元素。

(3)掌握航班计划编制技能。

任务书

一、航班计划查询

(一)操作功能

展示航班计划。

(二)操作主界面

航班计划查询操作主界面,如图8-1所示。

航班日期	承运人	航班号	航班类型	机型	机尾号	出发站	到达站	出发时间	到达时间	操作
2018-11-07	MU	1252	单程	B767-300	B6234	SHA	PEK	2018-11-07 09:40	2018-11-07 10:40	
2018-10-26	MU	2	单程	A319-112	B2217	SHA	PVG	2018-10-24 10:12	2018-10-24 12:12	
2018-10-26	MU	1	单程	A319-112	B2217	SHA	PVG	2018-10-24 10:12	2018-10-24 12:12	
2018-10-26	MU	3	单程	A319-112	B2217	SHA	PVG	2018-10-24 10:12	2018-10-24 12:12	
2018-10-26	MU	5	单程	A319-112	B2217	SHA	PVG	2018-10-24 10:12	2018-10-24 12:12	
2018-10-26	MU	9	单程	A319-112	B2217	SHA	PVG	2018-10-24 10:12	2018-10-24 12:12	
2018-10-26	MU	8	单程	A319-112	B2217	SHA	PVG	2018-10-24 10:12	2018-10-24 12:12	
2018-10-26	MU	7	单程	A319-112	B2217	SHA	PVG	2018-10-24 10:12	2018-10-24 12:12	
2018-10-26	MU	4	单程	A319-112	B2217	SHA	PVG	2018-10-24 10:12	2018-10-24 12:12	
2018-10-26	MU	6	单程	A319-112	B2217	SHA	PVG	2018-10-24 10:12	2018-10-24 12:12	
2018-10-19	MU	250	单程	A319-112	B2217	PVG	XIV	2018-10-19 08:38	2018-10-19 11:38	
2018-10-19	MU	257	单程	B767-300	B6234	PVG	XIV	2018-10-19 08:38	2018-10-19 11:38	
2018-09-20	MU	1252	单程	B767-300	B6234	SHA	PVG	2018-09-20 14:37	2018-09-20 15:37	
2018-09-03	MU	1252	单程	A319-112	B2217	PEK	SHA	2018-09-03 10:45	2018-09-03 11:45	
2018-09-03	MU	25	单程	B767-300	B6234	SHA	PEK	2018-09-03 10:33	2018-09-03 12:33	

图8-1 航班计划查询操作主界面

（三）操作步骤

点击桌面图标"航班计划"即可看到航班计划列表。

二、新增航班计划

（一）操作功能

新增航班计划。

（二）操作主界面

新增航班计划操作主界面，如图8-2所示。

图 8-2　新增航班计划操作主界面

（三）操作步骤

首先，点击航班计划列表上的"新增"按钮。其次，在新增界面通过切换航线类型可以动态展示不同的输入内容。值得注意的是，红色星号"*"，表明该字段必填。没有特别说明，其他模块都适用此规则。最后，点击"保存"，新增航班计划记录。

三、修改航班计划

（一）操作功能

修改航班计划。

（二）操作主界面

修改航班计划操作主界面，如图8-3所示。

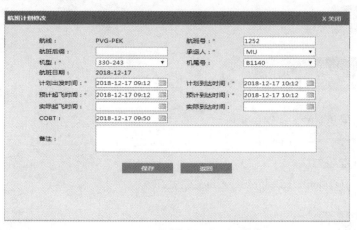

图 8-3　修改航班计划操作主界面

（三）操作步骤

第一,点击航班列表记录行中的修改图标,如图8-4中的"铅笔"标记,填写要修改的内容。第二,点击"保存"修改航班计划数据。注意,"返回"按钮不会修改记录,只是关闭了修改窗口。

航班日期	承运人	航班号	航班类型	机型	机尾号	出发站	到达站	出发时间	到达时间	操作
2018-11-07	MU	1252	单程	B767-300	B6234	SHA	PEK	2018-11-07 09:40	2018-11-07 10:40	🖹 ✎ 🔍✕

图 8-4　航班列表

四、删除航班计划 ✈

（一）操作功能

删除航班计划。

（二）操作主界面

删除航班计划操作主界面,如图8-5所示。

航班日期	承运人	航班号	航班类型	机型	机尾号	出发站	到达站	出发时间	到达时间	操作
2018-11-07	MU	1252	单程	B767-300	B6234	SHA	PEK	2018-11-07 09:40	2018-11-07 10:40	🖹 ✎ 🔍✕

图 8-5　删除航班计划操作主界面

（三）操作步骤

点击红色"×"实现物理删除,点击黄色"×"实现航班取消。随后会弹出删除确定框,如图8-6所示。点击"OK"将删除该记录,点击"Cancel"将取消删除操作。

图 8-6　删除确定框

案例详解

一、相关业务背景知识

航段类型:单段、联程、返航、备降。

机场三字码。

承运人/航空公司。

撤轮档时间(Calculated off block time,COBT)。

二、案例

创建一个单段航班计划信息。

修改、删除、查询航班信息。

任务分组

学习任务名称:

姓名: 班级: 日期:

任务分组				
班级		组号		授课教师
组长		学号		

组内成员				
姓名	学号	姓名	学号	备注

任务描述

1. 新增航班计划(任务样例)

航线类型:单段(也可设置联程,即多段航班,如 A—B—C)。

航班日期:当天。

航线:上海虹桥—北京首都(SHA—PEK)。

承运人:东航(MU)。

机型:A330-243。

机尾号:B1230。

航班号:5101。

计划出发时间:当天08:00:00。

计划到达时间:当天10:15:00。

预计出发时间:当天08:00:00。

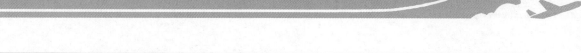

预计到达时间:当天10:15:00。

2.修改航班计划(任务样例)

设置实际起飞时间:当天08:12:00。

设置实际到达时间:当天10:03:00。

设置COBT时间(撤轮档时间):当天08:01:00。

修改航班其他信息(可根据情况,自行确定修改项、修改内容)。

3. 删除航班计划(任务样例)

将自己新建的航班删除掉,然后再重新建新航班。

4. 航班计划查询

设置航班查询条件,如航班号、承运人、航班日期、航班类型、出发站、到达站、机型、机尾号,查询相应的航班信息。

 获取信息

引导问题

(1)了解航班计划相关的业务背景知识。

(2)创建、修改、删除航班计划信息。

任务二　航班申领及初始化

任务描述

　　选择待配载航班,对航班信息进行初始化,并完成航班申领,申领后的航班即可以进行正常的配载操作。

学习目标

(1)学习航班选择、航班初始化及航班申领操作流程。

(2)掌握航班初始化及航班手动申领技能。

(3)掌握航班初始化涉及的航班各类业务信息。

(4)了解航班预估业载体系。

任务书

 **一、航班查询**

（一）操作功能

展示出港航班。

（二）操作主界面

展示出港航班操作主界面,如图8-7所示。

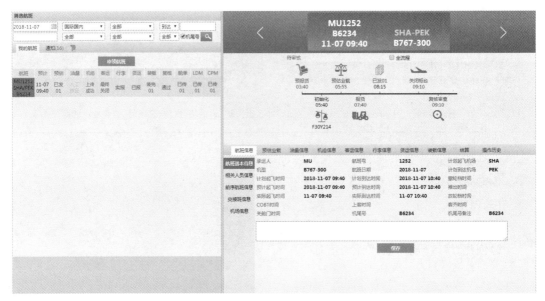

图8-7　展示出港航班操作主界面

（三）操作步骤

第一,点击桌面图标"出港控制"即可看到出港航班列表;第二,查询条件有航班日期、航班号、航班性质、航班状态、出发站、到达站、报货状态、装载状态等;第三,可按照机尾号或者计划起飞时间排列显示。第四,点击"查询"按钮;第五,按照出港航班业务节点生成业务处理流程图。

二、浏览航班处理状态流程图

（一）操作功能

浏览按照出港航班业务节点生成的业务处理流程图。

（二）操作主界面

浏览航班处理状态流程图操作主界面,如图8-8所示。

图8-8　浏览航班处理状态流程图操作主界面图

（三）操作步骤

航班列表定位航班后，界面就会显示该航班的业务流程图。点击航班列表中的具体航班定位即可进行浏览。

三、航班手动初始化

（一）操作功能

手动初始化航班。

（二）操作主界面

航班手动初始化操作主界面，如图8-9所示。

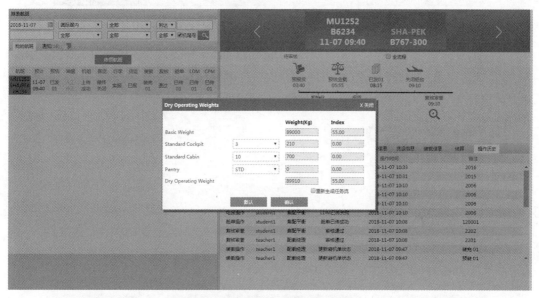

图8-9　航班手动初始化操作主界面

（三）操作步骤

点击"初始化"图标，选择正确的参数，然后点击"确认"按钮。

四、申领航班

（一）操作功能

申领分配给别人的航班。

（二）操作主界面

申领分配给别人的航班操作主界面，如图8-10所示。

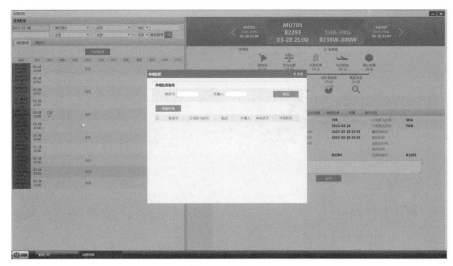

图 8-10　申领分配给别人的航班操作主界面

（三）操作步骤

点击"申领航班"按钮图标,然后输入查询条件查询出预申领航班,最后点击"申领"按钮完成操作。

五、航班通知处理

（一）操作功能

根据通知提示来计划下一步操作。

（二）操作主界面

航班通知处理操作主界面,如图8-11所示。

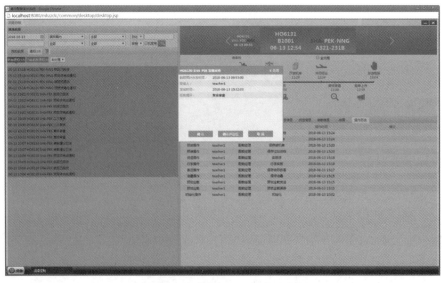

图 8-11　航班通知处理操作主界面

（三）操作步骤

首先,切换到通知栏,点击"具体通知";然后,查看弹出通知的具体信息;最后,点击"确认"或者"确认并定位"按钮。

集配航班业务处理状态有预报货、初始化、预估业载、报货、开装机单、装机单接收、关闭柜台、复核审查、确认装载、舱单上传、发送电报。

航班载重平衡基础知识。

二、案例

完成航班信息查询、申领。

手工初始化航班。

处理航班各类通知。

任务分组

学习任务名称:

姓名:　　　　　　班级:　　　　　　　　日期:

任务分组				
班级		组号		授课教师	
组长		学号			

组内成员

姓名	学号	姓名	学号	备注

任务描述

---

1. 查询航班(任务样例)

(1)设置查询条件。

航班日期:当天;

航班类型:国际、国内(也可以根据实际情况进行设置);

类型:全部;

到达:空;

其他:空。

(2)点击查询图标,进行查询。

2. 航班手动初始化(任务样例)

(1)选中航班MU510(也可以根据情况选择其他航班)。

(2)设置以下信息。

Standard Cockpit:3;

Standard Cabin:10;

Pantry:STD;

Weight:89000,210,700,0,89910(也可根据情况自行设置)。

3. 航班申领(任务样例)

(1)设置航班号:5101(也可根据航班计划信息自行设置)。

(2)查询并申领相关航班(批量申领)。

4.查看航班处理通知、浏览航班处理状态流程图

 **获取信息**

引导问题

(1)学习航班选择、航班初始化,以及航班申领操作流程。

(2)掌握航班初始化涉及的各类业务信息。

项目九 / 航班基础信息配置

任务一 配置航班预估业载

任务描述

针对待配载的航班,查看并修正航班预估业载信息。

学习目标

(1)学习航班预估业载信息配置流程。

(2)掌握航班预估业载信息配置技能。

(3)了解航班/机型预估业载体系。

任务书

一、航班预估业载信息查看

（一）操作功能

查看航班的预估业载信息。

（二）操作主界面

航班预估业载信息查看操作主界面,如图9-1所示。

（三）操作步骤

切换到"预估业载"信息栏,即可查看航班的具体预估业载数据。

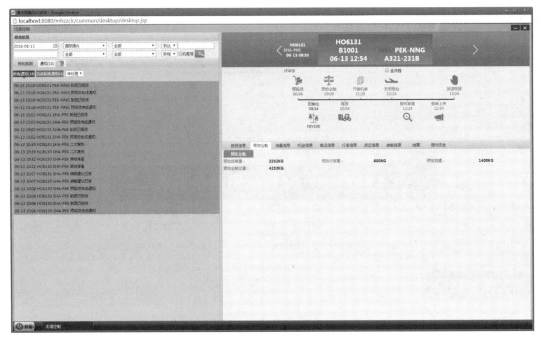

图 9-1　航班预估业载信息查看操作主界面

二、航班预估业载信息配置

（一）操作功能

预估业载申报保存，发送预估业载信息。

（二）操作主界面

航班预估业载信息配置操作主界面，如图9-2所示。

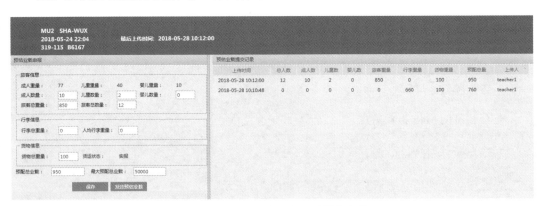

图 9-2　航班预估业载信息配置操作主界面

（三）操作步骤

在页面左侧可对旅客信息进行修改，点击"保存"按钮进行保存。在页面左下方点击"发送预估业载"按钮，即可发送预估业载。在右侧可以看到发送的信息。

 **案例详解**

一、相关业务背景知识

航班业载体系知识(各个信息项)。

二、案例 ✔

查看航班预估业载信息。
根据对业务的理解,修改航班预估业载信息。

任务分组

学习任务名称:

姓名: 班级: 日期:

任务分组				
班级		组号	授课教师	
组长		学号		

组内成员				
姓名	学号	姓名	学号	备注

任务分工

1.查看航班预估业载信息
2.配置航班预估业载信息(任务样例)
(1)点击"预估业载"按钮,进入预估业载页面。
(2)进行预估业载申报。
成人数量:50(也可根据情况自行设置);
儿童数量:3(也可根据情况自行设置);
婴儿数量:1(也可根据情况自行设置);
旅客总重量:4000(也可根据情况自行设置);
旅客总数量:54(也可根据情况自行设置);

货物总重量:1000(也可根据情况自行设置);
预报总业载:5000(也可根据情况自行设置);
最大预报业载:20000(也可根据情况自行设置)。
(3)保存并发送预估业载。

 获取信息

引导问题

(1)学习查看航班预估业载信息。

(2)掌握修改航班预估业载信息操作。

 任务二　配置航班油量

 任务描述

针对待配载的航班,查看并修正航班油量信息。

学习目标

(1)学习航班油量信息配置流程。

(2)掌握航班油量信息配置技能。

(3)了解航班/机型油量体系。

任务书

一、航班油量信息查看

（一）操作功能

查看航班的油量信息。

（二）操作主界面

航班油量信息查看操作主界面,如图9-3所示。

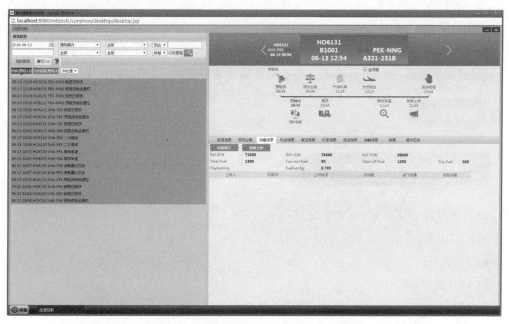

图9-3　航班油量信息查看操作主界面

（三）操作步骤

切换到"油量信息"栏，即可查看航班的具体油量数据。

二、航班油量信息配置

（一）操作功能

设置油量的基本参数。

（二）操作主界面

航班油量信息配置操作主界面，如图9-4所示。

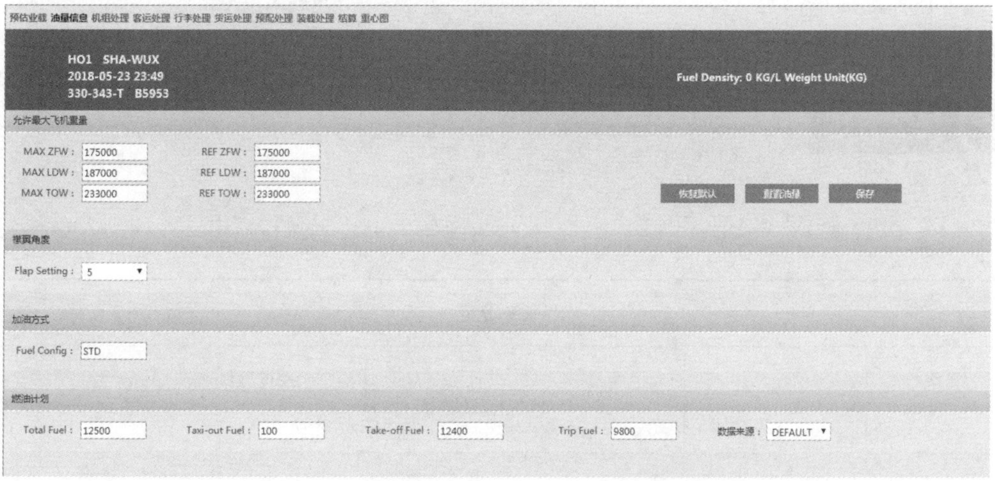

图9-4　航班油量信息配置操作主界面

（三）操作步骤

输入相关基本信息和油量信息,点击"保存"按钮。

点击"恢复默认"按钮,当输入的基本油量数据未保存时,会回退到原来的油量数据。

 案例详解

一、相关业务背景知识

航班油量管理体系知识(各个信息项):

MAX ZFW;

REF ZFW;

MAX LDW;

REF LDW;

MAX TOW;

REF TOW;

Flap Setting;

Fuel Config;

Total Fuel;

Taxi-out Fuel;

Take-off Fuel;

Trip Fuel。

二、案例

查看航班油量信息。

根据对业务的理解,修改航班油量信息。

任务分组

学习任务名称:

姓名:　　　　　　　班级:　　　　　　　　日期:

任务分组					
班级		组号		授课教师	
组长		学号			

组内成员				
姓名	学号	姓名	学号	备注

任务分工

1.查看航班油量信息

2.配置航班油量信息(任务样例)

(1)在"油量信息"页面点击"油量修正"按钮,进入油量信息配置页面。

(2)进行油量信息配置。

MAX ZFW:175000(也可根据航班机型自行设置);

REF ZFW:175000(也可根据航班机型自行设置);

MAX LDW:187000(也可根据航班机型自行设置);

REF LDW:187000(也可根据航班机型自行设置);

MAX TOW:233000(也可根据航班机型自行设置);

REF TOW:233000(也可根据航班机型自行设置);

Flap Setting:5(也可根据航班机型自行设置);

Fuel Config:STD(也可根据航班机型自行设置);

Total Fuel:12500(也可根据航班机型自行设置);

Taxi-out Fuel:100(也可根据航班机型自行设置);

Take-off Fuel:12400(也可根据航班机型自行设置);

Trip Fuel:9800(也可根据航班机型自行设置)。

(3)保存航班油量信息。

 **获取信息**

引导问题

(1)学习查看航班油量信息操作流程。

(2)掌握修改航班油量信息的操作。

 任务三　配置航班机组信息

 **任务描述**

针对待配载的航班,查看并修正航班机组信息。

 **学习目标**

(1)学习航班机组信息配置流程。

（2）掌握航班机组信息配置技能。

（3）了解航班机组体系。

 任务书

一、航班机组信息查看

（一）操作功能

查看航班的机组信息。

（二）操作主界面

航班机组信息查看操作主界面，如图9-5所示。

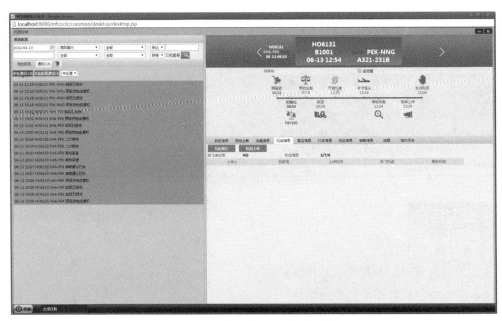

图9-5　航班机组信息查看操作主界面

（三）操作步骤

切换到"机组信息"栏，即可查看机组具体信息。

二、航班机组信息配置

（一）操作功能

设置机组的基本参数。

（二）操作主界面

设置机组基本参数操作主界面，如图9-6所示。

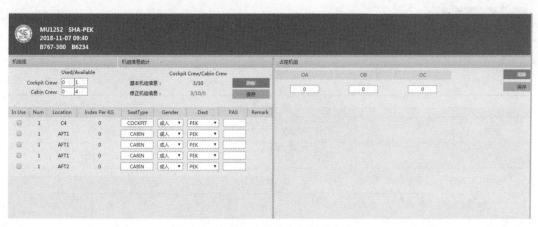

图9-6 设置机组基本参数操作主界面

（三）操作步骤

在占座机组区域输入要修正的人数,待"保存"按钮生效后即可点击"保存",然后点击"刷新"按钮。

案例详解

一、相关业务背景知识

航班机组管理体系知识(各个信息项):

Cockpit Crew Used;

Cockpit Crew Available;

Cabin Crew Used;

Cabin Crew Available;

C4 COCKPIT GENDER;

AFT1 COCKPIT GENDER;

AFT2 CABIN GENDER;

AFT1 COCKPIT DEST;

AFT2 CABIN DEST;

占座机组 OA;

占座机组 OB;

占座机组 OC。

二、案例

查看航班机组信息。

根据对业务的理解,修改航班机组信息。

任务分组

学习任务名称：

姓名：　　　　　　班级：　　　　　　　　日期：

任务分组				
班级		组号		授课教师
组长		学号		

组内成员				
姓名	学号	姓名	学号	备注

任务分工

1.查看航班机组信息
2.配置航班机组信息(任务样例)
(1)在"机组信息"页面点击"机组修正"按钮，进入机组信息配置页面。
(2)进行机组信息配置。
Cockpit Crew Used：1(或可根据航班信息自行设定)；
Cockpit Crew Available：1(或可根据航班信息自行设定)；
Cabin Crew Used：2(或可根据航班信息自行设定)；
Cabin Crew Available：4(或可根据航班信息自行设定)；
C4 COCKPIT GENDER：成人(或可根据航班信息自行设定)；
AFT1 COCKPIT GENDER：成人(或可根据航班信息自行设定)；
AFT2 CABIN GENDER：成人(或可根据航班信息自行设定)；
AFT1 COCKPIT DEST：PEK(或可根据航班信息自行设定)；
AFT2 CABIN DEST：PEK(或可根据航班信息自行设定)；
占座机组OA：0(或可根据航班信息自行设定)；
占座机组OB：0(或可根据航班信息自行设定)；
占座机组OC：0(或可根据航班信息自行设定)。
(3)保存航班机组信息。

获取信息

引导问题

(1)学习查看航班机组信息操作流程。

(2)掌握修改航班机组信息的操作。

任务一　配置航班行李信息

任务描述

针对待配载的航班,查看并修正航班行李信息。

学习目标

(1)学习航班行李信息配置流程。

(2)掌握航班行李信息配置技能。

(3)了解航班行李体系。

任务书

一、航班行李信息查看

（一）操作功能

查看航班的行李信息。

（二）操作主界面

航班行李信息查看操作主界面,如图10-1所示。

（三）操作步骤

切换到"行李信息"栏,即可查看行李具体信息。

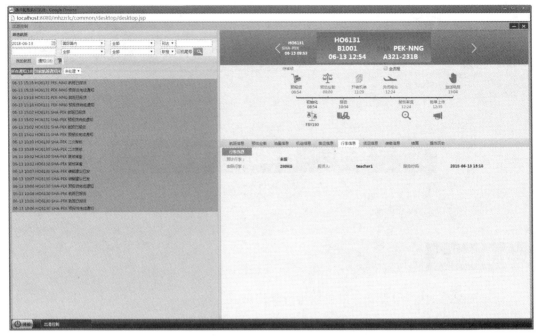

图 10-1　航班行李信息查看操作主界面

二、航班行李信息配置

（一）操作功能

创建箱子、自动分箱、修改行李数据、批量删除行李、预报行李重量、实报行李重量。

（二）操作主界面

航班行李信息配置操作主界面，如图 10-2 所示。

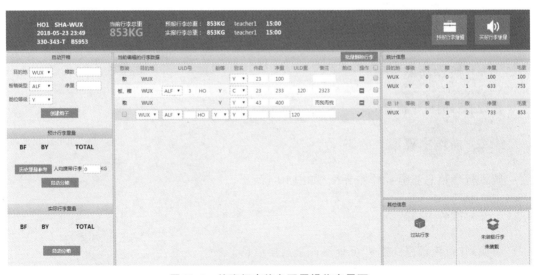

图 10-2　航班行李信息配置操作主界面

（三）操作步骤

航班行李信息配置操作主要包括以下步骤。

第一,在左侧页面填入箱数和净重,然后点击"创建箱子",可批量创建箱子;第二,在左侧页面填入人均携带行李重量,点击"自动分箱",可对行李进行分箱;第三,在页面中间部分,可以手动新增行李数据,并且可以进行修改、删除等操作;第四,在页面右侧可以查看统计信息和其他信息;第五,在页面右上角可对行李进行实报和预报。

 案例详解

一、相关业务背景知识

航班行李管理体系知识(各个信息项):

板箱/ULD类型;

散货舱(两舱/Y)。

二、案例

查看航班机组信息。

根据对业务的理解,修改航班机组信息。

任务分组

学习任务名称:

姓名:　　　　　班级:　　　　　　　日期:

任务分组				
班级		组号		授课教师	
组长		学号			

组内成员				
姓名	学号	姓名	学号	备注

任务分工

1.查看航班行李信息

2.配置航班行李信息(任务样例)

以下信息为样例,老师或学生可根据实际情况自行配置。

(1)在行李信息页面点击"行李信息"按钮,进入行李信息配置页面。

(2)创建2个箱子(可根据航班机型信息自行设定),箱子中的行李信息设置方式如下。

板箱 ULD号-ULD类型:ALF(可根据航班信息自行设定);

板箱 ULD号-ULD编号:自行设定;

板箱 ULD号-ULD所属人:根据航班承运人自行设定;

板箱 别名:Y(可根据航班信息自行设定);

板箱 件数:根据航班信息自行设定;

板箱 重量:根据航班信息自行设定。

(3)散货舱装载情况设置方式如下。

别名:Y(可根据航班信息自行设定);

件数:根据航班信息自行设定;

重量:根据航班信息自行设定;

备注:根据航班信息自行设定。

3其他操作

过站行李、未装载行李操作等。

 获取信息

引导问题

(1)学习查看航班行李信息操作流程。

(2)掌握修改航班行李信息的操作。

 任务二 配置航班货运信息

 任务描述

针对待配载的航班,查看并修正航班货运信息。

 学习目标

(1)学习航班货运信息配置流程。

(2)掌握航班货运信息配置技能。

(3)了解航班货运体系。

 任务书

一、航班货运信息查看

（一）操作功能

查看航班的货运信息。

（二）操作主界面

航班货运信息查看操作主界面，如图10-3所示。

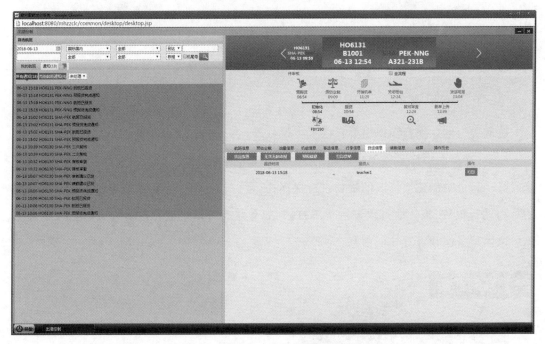

图10-3 航班货运信息查看操作主界面

（三）操作步骤

切换到"货运信息"栏，即可查看货运具体信息。

二、航班货运信息配置

（一）操作功能

报货、打印货单、申请修改、存储修改、添加或修改货运数据。

（二）操作主界面

航班货运信息配置操作主界面，如图10-4所示。

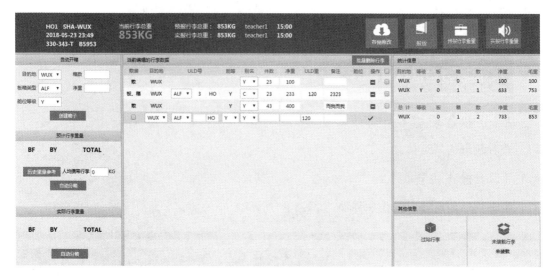

图 10-4 航班货运信息配置操作主界面

（三）操作步骤

航班货运信息配置操作主要有以下步骤。

一是,在页面中部区域创建货物,有散装和板箱两种类型;二是,在页面左上角有"储存修改"按钮,可对创建或修改的货物进行保存;三是,在页面右上角有"报货"按钮,可对创建的货物进行报货,报货后可以进行货单打印,如有修改可以申请修改货物;四是,在页面右侧可以填写备注和查看其他信息。

 案例详解

 一、相关业务背景知识

航班货运管理体系知识(各个信息项):

板箱/ULD类型;

散货舱(两舱/Y)。

二、案例

查看航班机组信息。

根据对业务的理解,修改航班机组信息。

 任务分组

学习任务名称：

姓名：　　　　　　班级：　　　　　　　　日期：

任务分组

班级		组号		授课教师	
组长		学号			

组内成员

姓名	学号	姓名	学号	备注

任务分工

1.查看航班货运信息

2.配置航班货运信息(任务样例)

以下信息为样例,老师或学生可根据实际情况自行配置。

(1)在货运信息页面点击"货运信息"按钮,进入货运信息配置页面。

在货运信息页面可进行的操作有无货无邮、预报载量、打印货单。

(2)散装型货物,增加两车货邮信息(可根据航班信息自行设定)。

001号车类型:C(可根据航班信息自行设定;C表示CARGO,M表示MAIL);

001号车目的地:根据航班信息设定;

001号车总重:根据货物信息设定;

001号车体积:根据货物信息设定;

001号车特货类型:根据货物信息设定;

001号车等级:根据货物信息设定;

001号车备注:根据货物信息设定;

002号车类型:M(可根据航班信息自行设定;C表示CARGO,M表示MAIL);

002号车目的地:根据航班信息设定;

002号车总重:根据货物信息设定;

002号车体积:根据货物信息设定;

002号车特货类型:根据货物信息设定;

002号车等级:根据货物信息设定;

002号车备注:根据货物信息设定。

老师或学生可参照上述配置信息另行设置散装型货物装载信息。

(3)板箱货物,增加1块板箱货邮信息(可根据航班信息自行设定)。

板箱号-类型:AKE(可根据航班信息自行设定;C表示CARGO,M表示MAIL);

板箱号-序号:根据货物信息设定;

板箱号-所属航空公司:根据货物信息设定;

类型:C(或根据航班信息自行设定;C表示CARGO,M表示MAIL);

目的地:根据航班信息设定;

板重:根据货物信息设定;

总重:根据货物信息设定;

特货:根据货物信息设定;

等级:根据货物信息设定;

备注:根据货物信息设定。

老师或学生可参照上述配置信息另行设置板箱装载货物信息。

3.其他操作

过站货物、装载情况操作等。

 获取信息

引导问题

(1)学习查看航班货运信息操作流程。

(2)掌握修改航班货运信息的操作。

 任务三　配置航班客运信息

 任务描述

针对待配载的航班,查看并修正航班客运信息。

学习目标

(1)学习航班客运信息配置流程。

(2)掌握航班客运信息配置技能。

(3)了解航班/机型客运信息体系。

任务书

一、航班客运信息查看

（一）操作功能

查看航班的客运信息。

（二）操作主界面

航班客运信息查看操作主界面,如图10-5所示。

（三）操作步骤

切换到"客运信息"栏,即可查看航班的具体客运信息数据。

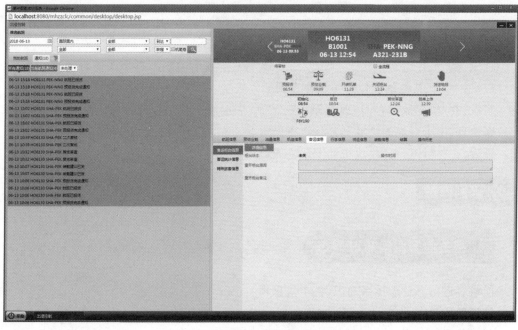

图 10-5　航班客运信息查看操作主界面

二、航班客运信息配置

（一）操作功能

录入预计旅客，实际录入的有成人、儿童、婴儿人数，以及行李件数、行李重量信息等，还能进行旅客信息统计、柜台关闭操作。

（二）操作主界面

航班客运信息配置操作主界面，如图 10-6 所示。

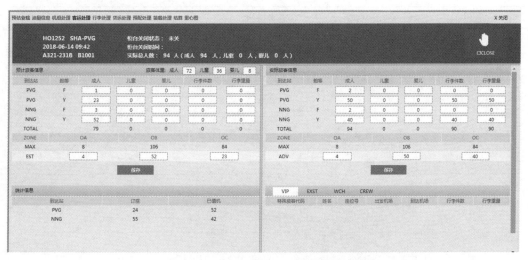

图 10-6　航班客运信息配置操作主界面

（三）操作步骤

航班客运信息配置操作如下。

首先，在"预计旅客信息"模块录入信息后，点击"保存"按钮，其中头等舱的值（F相加）对应OA中的值，其他的舱位按照操作意图填入数据。

其次，在"实际旅客信息"模块录入的信息，一般用于预估业载，以及生成重心图，而实际旅客信息，用于后面的结算和复核审查操作。

最后，在"统计信息"模块统计上述输入数据。

一、相关业务背景知识

航班客运信息管理体系知识（各个信息项）：

航班舱位F/Y；

载运信息。

二、案例

查看航班客运信息。

根据对业务的理解，修改航班客运信息。

学习任务名称：

姓名：　　　　　　班级：　　　　　　　　日期：

任务分组				
班级		组号		授课教师	
组长		学号			

组内成员				
姓名	学号	姓名	学号	备注

1.查看航班客运信息

2.配置航班客运信息(任务样例)

以下信息为样例,老师或学生可根据实际情况自行配置。

(1)在客运信息页面点击"详细信息"按钮,进入客运信息配置页面。

在客运信息配置页面可进行的操作有:客运柜台信息、客运统计信息、特殊旅客信息。

(2)预计旅客信息。

到达站1(以航班信息为准):F舱为商务/头等舱,Y舱为经济舱;

F舱 成人:1(或可根据航班信息设定);

F舱 儿童:0(或可根据航班信息设定);

F舱 婴儿:0(或可根据航班信息设定);

F舱 行李件数:0(或可根据航班信息设定);

F舱 行李重量:0(或可根据航班信息设定);

Y舱 成人:23(或可根据航班信息设定);

Y舱 儿童:0(或可根据航班信息设定);

Y舱 婴儿:0(或可根据航班信息设定);

Y舱 行李件数:0(或可根据航班信息设定);

Y舱 行李重量:0(或可根据航班信息设定);

EST OA:4(或可根据航班信息设定);

EST OB:4(或可根据航班信息设定);

EST OC:4(或可根据航班信息设定)。

(3)实际旅客信息。

到达站1(以航班信息为准):F舱为商务/头等舱,Y舱为经济舱;

F舱 成人:1(或可根据航班信息设定);

F舱 儿童:0(或可根据航班信息设定);

F舱 婴儿:0(或可根据航班信息设定);

F舱 行李件数:0(或可根据航班信息设定);

F舱 行李重量:0(或可根据航班信息设定);

Y舱 成人:23(或可根据航班信息设定);

Y舱 儿童:0(或可根据航班信息设定);

Y舱 婴儿:0(或可根据航班信息设定);

Y舱 行李件数:0(或可根据航班信息设定);

Y舱 行李重量:0(或可根据航班信息设定);

EST OA:4(或可根据航班信息设定);

EST OB:4(或可根据航班信息设定);

EST OC:4(或可根据航班信息设定)。

(4)保存相关信息。

 获取信息

引导问题

(1)学习查看航班客运信息操作流程。

(2)掌握修改航班客运信息的操作。

(3)根据机型信息,配置航班的客运信息。

项目十一 | 航 班 配 载

任务一 航班预配处理

任务描述

对货物和行李进行预配操作。

学习目标

(1)学习航班货物和行李预配操作流程。

(2)掌握航班货物和行李预配操作技能。

(3)了解预配体系。

任务书

一、操作功能

对货物和行李进行预配操作。

二、操作主界面

对货物和行李进行预配操作的主界面,如图11-1所示。

三、操作步骤

下方的货物可以拖拽到上方的舱位上,货物拖动时,重心也会随之变化。

装载区域的货物通过拖拽可以从一个舱位移动到另一个舱位。

在装载的货物上,点击右键,显示右键菜单,点击"卸载",显示卸载操作页面。通过选择卸载方式可以卸载一部分或全部货物。货物卸载操作示意图,如图11-2所示。

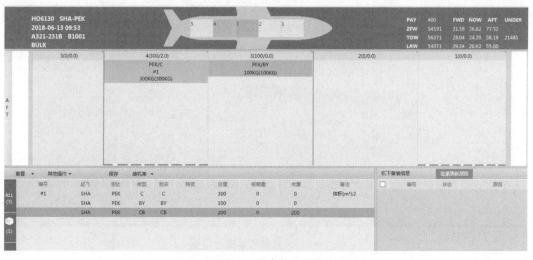

图 11-1　货物和行李预配操作主界面

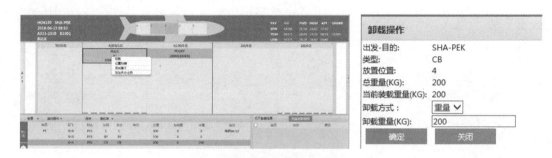

图 11-2　货物卸载操作示意图

在装载的货物上,点击右键,显示右键菜单。点击"设置备装",显示"备装"字样,点击"取消备装",不显示"备装"字样。

在装载的货物上,点击右键,显示右键菜单。点击"添加备注",显示添加备注页面。输入备注信息,点击"添加",备注信息就能被添加到装载货物显示区域。点击"清空"—"添加",装载货物区域不显示备注。添加备注页面,如图 11-3 所示。

图 11-3　添加备注页面

在装载的货物上,点击右键,显示右键菜单。点击"添加拆分比例",拆分比例被添加到装载货物显示区域。点击"取消拆分比例",装载货物区域不显示拆分比例。

点击"查看"—"查看装机单",显示历史装机单查看页面。历史装机单查看页面,如图 11-4 所示。

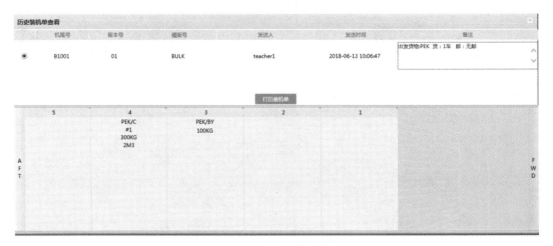

图 11-4 历史装机单查看页面

在历史装机单查看页面上，点击"打印装机单"，即可打印 PDF 格式的装机单。

点击"查看"—"装载建议"，显示装载建议查看页面。装载建议查看页面，如图 11-5 所示。

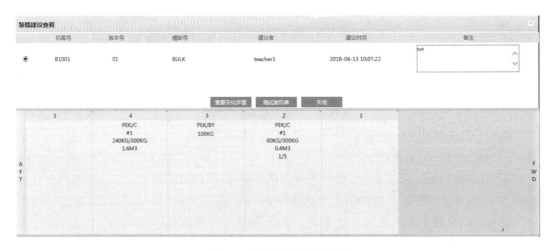

图 11-5 装载建议查看页面

在装载建议查看页面上，选中一条记录，点击"查看变化步骤"，显示装载建议步骤查看页面。

在装载建议查看页面上，选中一条记录，点击"测试装机单"，装载建议查看页面下方显示的内容将展现在预配页面上。

点击"其他操作"—"修改模板"，显示舱位更换模板页面。舱位更换模板页面，如图 11-6 所示。

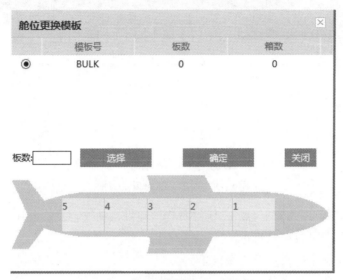

图 11-6 舱位更换模板页面

在舱位更换模板页面上,选中一条记录,点击"确定"后会弹出一个对话框,点击对话框中的"确定"按钮后,选中的模板样式将反映到预配页面中。

点击"其他操作"—"超规行李管理",显示超规行李管理页面。超规行李管理页面,如图 11-7 所示。

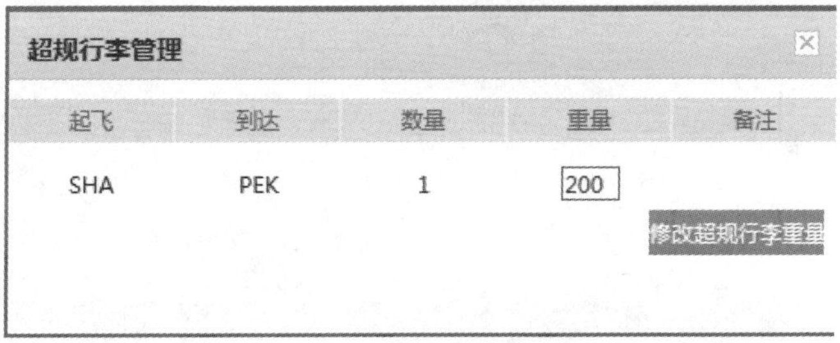

超规行李管理				
起飞	到达	数量	重量	备注
SHA	PEK	1	200	
			修改超规行李重量	

图 11-7 超规行李管理页面

在超规行李管理页面上,输入重量,点击"修改超规行李重量"后会弹出对话框,提示修改成功。

点击"其他操作"—"全部卸载",装载的货物、行李将全部被卸下。

点击"保存",装载的货物、行李将全部被保存。

点击"装机单"—"发送装机单",机下备装信息为空的话,将会给出提示,不显示添加装机单备注页面。选中机下备装信息的记录,点击"批量更新原因",显示机下设置对话框。选择原因,点击"确定"按钮,关闭弹出框。机下设置对话框,如图 11-8 所示。

图 11-8 机下设置对话框

点击"装机单"—"发送装机单",显示添加装机单备注页面。添加装机单备注页面,如图 11-9 所示。

图 11-9　添加装机单备注页面

在添加装机单备注页面上,点击"统计货物",即可自动进行货物统计。

点击"预览",即可打印装机单。

点击"发送",即可发送并打印装机单。

点击"装机单"—"打印装机单",即可打印装机单。

点击"装机单"—"测试装机单",即可显示装载建议查看页面。

点击"过站管理",即可显示过站货物管理页面。过站货物管理页面,如图 11-10 所示。

出发	到达	位置	载重(KG)	类型	特货	☐	装载信息描述	备注
SHA	NNG	2	100	C				
SHA	NNG	3	300	C				

加载　查看　新增　删除　修改　生成过站　关闭

图 11-10　过站货物管理页面

在过站货物管理页面上,点击"加载",弹出对话框,把左侧信息加载在右侧。过站货物管理加载页面,如图 11-11 所示。

出发	到达	位置	载重(KG)	类型	特货	☐	装载信息描述	备注
SHA	NNG	2	100	C		☑	TR/NNG/100/C	上一站位置:2
SHA	NNG	3	300	C		☐	TR/NNG/300/C	上一站位置:3

加载　查看　新增　删除　修改　生成过站　关闭

图 11-11　过站货物管理加载页面

选中右侧的一条记录,点击"查看",可以查看过站货物。过站货物查看页面,如图 11-12所示。

图 11-12　过站货物查看页面

点击"新增",可以添加过站货物。

点击"删除",可以删除过站货物。

点击"修改",可以修改过站货物。

点击"生成过站",可以生成过站货物。

 案例详解

一、相关业务背景知识 ✈

航班载重平衡基础知识。

二、案例 ✈

完成某航班预配操作(油量、机组、客、货、邮、行)。

✈ **任务分组**

学习任务名称:

姓名:　　　　　班级:　　　　　日期:

任务分组				
班级		组号		授课教师	
组长		学号			
组内成员				
姓名	学号	姓名	学号	备注

任务分工

1.货物处理:将配载页面下方的货物拖拽到上方的舱位上

2.将装载区域的货物通过拖拽,从一个舱位移动到另一个舱位

3.卸载某个舱位部分或全部货物

4.设置备注信息

5.查看装机单

6.打印装机单

7.查看"装载建议"

8.超规行李管理

9.发送装机单

10.过站管理

 获取信息

引导问题

学习完成某航班预配(油量、机组、客、货、邮、行)操作流程。

 任务二　航班装载处理

 任务描述

针对待配载的航班,查看航班装载信息,并对其进行航班装载处理。

 学习目标

(1)学习航班装载处理流程。

(2)掌握航班装载处理技能。

(3)了解航班装载处理体系。

 任务书

 一、航班装载信息查看

(一)操作功能

查看航班的装载信息。

（二）操作主界面

航班装载信息查看操作主界面，如图11-13所示。

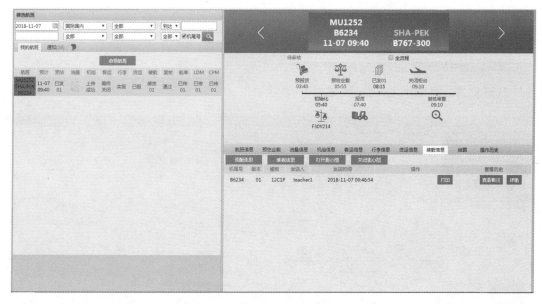

图11-13　航班装载信息查看操作主界面

（三）操作步骤

切换到"装载信息"栏，即可查看装载具体信息。点击"打开重心图"，即可显示重心图。点击"关闭重心图"或重心图上的"CLOSE"，即可关闭重心图。重心图，如图11-14所示。

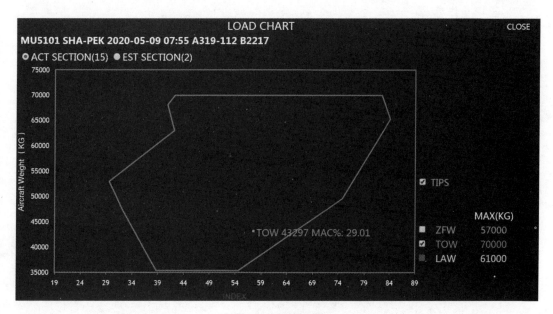

图11-14　重心图

二、航班装载处理

（一）操作功能

对最后发送的装机单的货物进行装载操作。

（二）操作主界面

航班装载处理操作主界面，如图11-15所示。

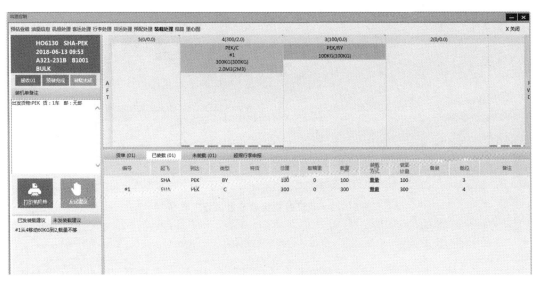

图11-15　航班装载处理操作主界面

（三）操作步骤

装载区域的货物通过拖拽可以从一个舱位移动到另一个舱位。

在装载的货物上，点击右键，显示右键菜单；点击"卸载"，显示卸载操作页面。通过选择卸载方式可以卸载一部分或全部货物。卸载操作页面，如图11-16所示。

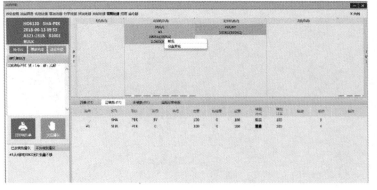

图11-16　卸载操作页面

在装载的货物上,点击右键,显示右键菜单;点击"设置备装",显示"备装"字样;点击"取消备装",不显示"备装"字样。

点击"超规行李申报",可以修改数量和输入备注(见图11-17),然后点击"申报超规行李",弹出对话框,点击"确定",提示"申报成功"。

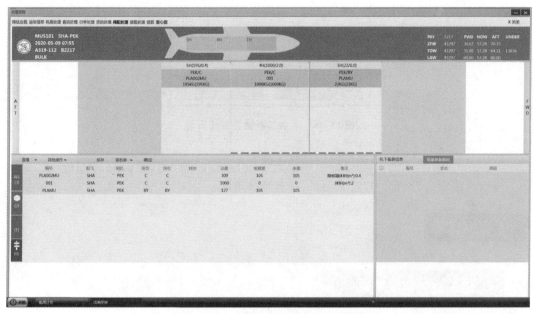

图 11-17 超规行李申报操作页面

这样,预配页面中下面货物中超规行李记录就会被更新。超规行李记录更新界面,如图 11-18 所示。

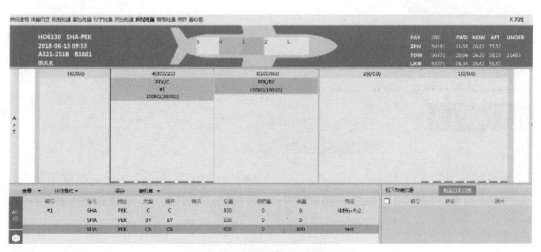

图 11-18 超规行李记录更新界面

在预配页面,点击"接收",即可接收装机单。

点击"预装完成",即可完成预装。

点击"装载完成",即可完成装载。

点击"打印装机单",即可打印装机单。

点击"发送建议",即可显示添加装载建议备注页面,如图11-19所示。

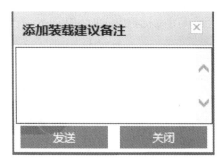

图11-19　添加装载建议备注页面

输入备注,点击"发送",即可发送修改建议。

可以通过点击"查看"—"装载建议"查看修改建议。

案例详解

一、相关业务背景知识

航班载重平衡业务体系。

二、案例

查看航班装载详细信息。

进行航班装载处理。

任务分组

学习任务名称:

姓名:　　　　　　班级:　　　　　　日期:

任务分组				
班级		组号		授课教师	
组长		学号			

组内成员				
姓名	学号	姓名	学号	备注

1.查看航班装载信息

2.配置航班装载信息(任务样例)

以下信息为样例,老师或学生可根据实际情况自行操作。

(1)在装载信息页面点击"装载信息"按钮,进入装载信息操作页面。

在装载信息页面可进行的操作有预配信息、打开重心图、关闭重心图。

(2)装载处理,具体操作如下。

一是,将装载区域的货物通过拖拽,从一个舱位移动到另一个舱位。

二是,货物卸载。

三是,设置备装。

四是,申报超规行李。

五是,接收装机单。

六是,完成预装。

七是,完成装载。

八是,打印装机单。

九是,添加装载建议备注。

获取信息

引导问题

(1)学习查看航班装载详细信息。

(2)掌握航班装载处理流程。

项目十二 　　航班结算与复核

任务一　航班结算

任务描述

针对待配载的航班,查看航班结算信息,并对配载航班进行结算处理。

学习目标

(1)学习航班结算处理流程。
(2)掌握航班结算处理技能。
(3)了解航班结算处理体系。

任务书

一、航班结算信息查看

（一）操作功能

查看航班的结算信息。

（二）操作主界面

航班结算信息查看操作主界面,如图12-1所示。

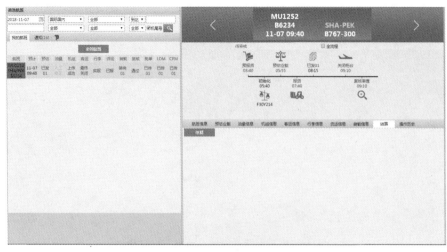

图12-1　航班结算信息查看操作主界面

（三）操作步骤

切换到"结算"信息栏，即可查看结算具体信息。

二、航班结算处理

（一）操作功能

对前述所有操作数据进行统计，包括旅客信息、机组信息、装载信息、油量信息、重心数据、舱单生成、操作记录统计。

（二）操作主界面

航班结算处理操作主界面如图12-2、图12-3、图12-4、图12-5、图12-6、图12-7所示。

HO6130 SHA-PEK 2018-06-13 09:53 A321-231B B1001	COBT ： VERSION： F8Y190	航班状态: 值机状态: 预估业载(KG): 9264

PASSANGERS ACT 68 (65 / 3 / 0)				
DEST	CLS	ADULT	CHD	INF
PEK	F	5	0	0
PEK	Y	60	3	0
TTL	68	65	3	0
ZONE	TTL	OA	OB	OC
	68	5	63	0

图 12-2　旅客信息

		WEIGHT(KG)	INDEX	
BASIC WEIGHT		48895	47.6	
CREW	9(2/7)	720	-1.88	
COCKPIT	2	160	-2.83	
CABIN	7	560	0.95	
PANTRY(CATERING)	STD	0	0	
ADJ CREW	0(0/0/0)	0	0	
COCKPIT	0	0	0	
CABIN	0	0	0	
ETC CREW	0	0	0	
FUEL BALLAST		0	0	
DOW/DOI ADJ		0	0	保存
ADJ DOW		48895	47.6	

图 12-3　机组信息

PAY LOAD		5188		MAX AVAILABLE PAY LOAD 22605			UNDERLOAD 17417	
PSGRS:		4788	/	68				
Transit:		0						
Cargo:		300						
BAGS:		100						
Mail:		0						
E:		0						
X:		0						

Compt	Cargo	Mail	Bags	E	X	ACT	REM	MAX
1	0	0	0	0	0	0	2202	2202
2	0	0	0	0	0	0	3468	3468
3	0	0	100	0	0	100	3487	3587
4	300	0	0	0	0	300	1783	2083
5	0	0	0	0	0	0	1497	1497
TTL	300	0	100	0	0	400	12437	12837

FUEL			INDEX			
ZFW	54191		26.62	MAXZFW		71500
TOTAL FUEL	2300					
TAXI FUEL	120					
TOF FUEL	2180					
TOW	56371		24.2	MAXTOW		89000
TRIP FUEL	2000					
LAW	54371		26.62	MAXLAW		75500

图 12-4　油量信息

BALANCE				
DOI	47.6			
LIZFW	26.62		MACZFW	14.75
LITOW	24.2		MACTOW	14.12
LILAW	26.62		MACLAW	14.78
UNDERLOAD BEFORE LMC : 17417			TRIM : 3.9	

图 12-5　指数信息

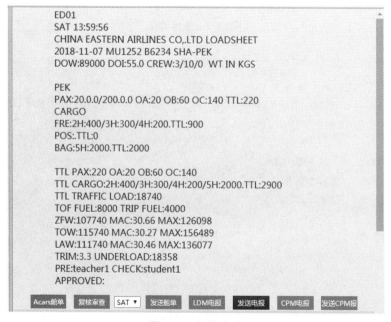

```
ED01
SAT 13:59:56
CHINA EASTERN AIRLINES CO,.LTD LOADSHEET
2018-11-07 MU1252 B6234 SHA-PEK
DOW:89000 DOI:55.0 CREW:3/10/0  WT IN KGS

PEK
PAX:20.0.0/200.0.0 OA:20 OB:60 OC:140 TTL:220
CARGO
FRE:2H:400/3H:300/4H:200.TTL:900
POS:.TTL:0
BAG:5H:2000.TTL:2000

TTL PAX:220 OA:20 OB:60 OC:140
TTL CARGO:2H:400/3H:300/4H:200/5H:2000.TTL:2900
TTL TRAFFIC LOAD:18740
TOF FUEL:8000 TRIP FUEL:4000
ZFW:107740 MAC:30.66 MAX:126098
TOW:115740 MAC:30.27 MAX:156489
LAW:111740 MAC:30.46 MAX:136077
TRIM:3.3 UNDERLOAD:18358
PRE:teacher1 CHECK:student1
APPROVED:
```

Acars舱单　复核审查　SAT ▼　发送舱单　LDM电报　发送电报　CPM电报　发送CPM报

图 12-6　舱单生成

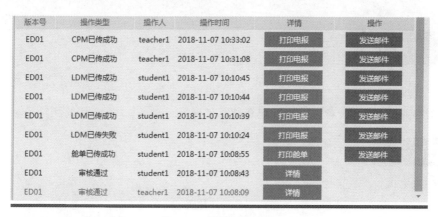

版本号	操作类型	操作人	操作时间	详情	操作
ED01	CPM已传成功	teacher1	2018-11-07 10:33:02	打印电报	发送邮件
ED01	CPM已传成功	teacher1	2018-11-07 10:31:08	打印电报	发送邮件
ED01	LDM已传成功	student1	2018-11-07 10:10:45	打印电报	发送邮件
ED01	LDM已传成功	student1	2018-11-07 10:10:44	打印电报	发送邮件
ED01	LDM已传成功	student1	2018-11-07 10:10:39	打印电报	发送邮件
ED01	LDM已传失败	student1	2018-11-07 10:10:24	打印电报	发送邮件
ED01	舱单已传成功	student1	2018-11-07 10:08:55	打印舱单	发送邮件
ED01	审核通过	student1	2018-11-07 10:08:43	详情	
ED01	审核通过	teacher1	2018-11-07 10:08:09	详情	

图 12-7　操作记录统计

（三）操作步骤

一是,先对旅客信息、机组信息、油量信息、装载信息、重心信息进行复核,查看数据是否有差异,如果有差异,可找到对应的模块进行相应操作。

二是,在舱单模块,要人工审核舱单数据是否正确。

三是,"Acars舱单"按钮和"LDM电报""CPM电报"按钮能分别展示舱单和LDM、CPM电报于界面上。

四是,点击"复核审查"按钮能进入复核审查界面进行复核审查操作。

五是,点击"发送舱单"按钮,即可将舱单发送出去。其使用有限制条件——有大于等于两个人对同一个版本复核审查通过时,按钮才会显示为可用状态。

六是,点击"发送电报"按钮,即可将电报发送出去。其使用有限制条件——必须在舱单发送之后才能发送,有新版本生成的时候需做一次复核。

七是,点击"发送CPM报"按钮,即可将CPM报发送到对应的接收地址。其限制条件是必须在舱单发送之后才能发送,有新版本生成的时候需做一次复核。

八是,下拉选项框中的"SAT"和"VHF"代表舱单的两种发送方式。

九是,点击"打印电报""打印舱单"按钮,即可生成舱单和LDM电报的PDF格式。

十是,点击"发送邮件"按钮,即可打开本机安装的默认的邮件传输软件。值得注意的是,其并不会主动发送邮件。

十一是,点击"详情"按钮,即可浏览当时的复核审查数据。

案例详解

一、相关业务背景知识

飞机载重平衡业务知识。

配载结算知识体系。

二、案例

查看航班结算信息。

根据对业务的理解,对航班进行配载结算处理。

任务分组

学习任务名称:

姓名:　　　　　　班级:　　　　　　　日期:

任务分组					
班级		组号		授课教师	
组长		学号			

组内成员				
姓名	学号	姓名	学号	备注

任务分工

1.查看航班结算信息

2.浏览航班结算信息(任务样例)

以下信息为样例,老师或学生可根据实际情况自行操作。

(1)在"结算信息"页面点击"结算"按钮,进入结算信息详情页面。

(2)结算处理,具体操作如下。

一是,先对旅客信息、机组信息、油量信息、装载信息、重心信息进行复核,查看数据是否有差异,如果有差异,可找到对应的模块进行相应的操作。

二是,在舱单模块,人工审核舱单数据是否正确。

三是,点击"Acars舱单"按钮和"LDM电报""CPM电报"按钮,分别展示舱单和LDM、CPM电报于界面上。

四是,点击"复核审查"按钮,进入复核审查界面进行复核审查操作。

五是,点击"发送舱单"按钮,将舱单发送出去。其使用有限制条件——有大于等于两个人对同一个版本复核审查通过时,按钮才会显示为可用状态。

六是,点击"发送电报"按钮,即可将电报发送出去。其使用有限制条件——在舱单发送之后,按钮才会显示为可用状态,有新版本生成的时候需做一次复核。

七是,点击"发送CPM报"按钮,将CPM报发送到对应的接收地址。其使用有限制条件——在舱单发送之后,按钮才会显示为可用状态,有新版本生成的时候需做一次复核。

八是,在下拉选项框中的"SAT"和"VHF"中选择一种,它们代表舱单的两种发送方式。

九是,点击"打印电报""打印舱单"按钮,生成舱单和LDM电报的PDF格式。

十是,点击"发送邮件"按钮,打开本机安装的默认邮件传输软件,并主动发送邮件。

十一是,点击"详情"按钮,浏览复核审查数据。

 **获取信息**

引导问题

(1)学习查看航班结算信息操作流程。

(2)掌握对航班进行配载结算的处理操作。

任务二　航班进港控制

 **任务描述**

对进港航班进行配载处理。

学习目标

(1)学习航班卸机单操作流程。

(2)掌握航班卸机单操作技能。

(3)了解航班卸机单体系。

任务书

一、操作功能

显示对应航班的卸机单,发送卸机单,以及打印生成的卸机单。

二、操作主界面

航班进港控制操作主界面,如图12-8所示。

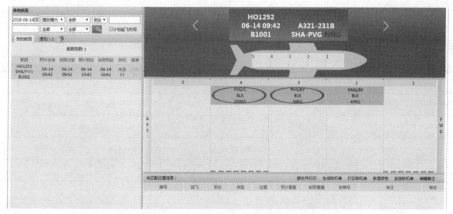

图 12-8　航班进港控制操作主界面

航班结算与复核　项目十二

三、操作步骤

一是,左边操作同出港控制,按照条件搜索查询相应的航班。

二是,对于不同的人员,除拥有大管理权限的人员,其他的用户只能查找到自己管辖的机场的数据。

三是,右半部分显示需要卸载的货物信息。图12-8中用圆圈圈住的为本站需要卸载的货物或者行李。

四是,右半部分能够显示数据的前提条件是,飞机已经起飞和装机单已经发送。

五是,点击"接收和答应"按钮,将改变该航班的卸机状态,卸机单状态将变为"已接",并且卸机单将以PDF的格式生成。

六是,点击"发送卸机单"按钮,将卸机单发送出去,航班的卸机状态将变为"已发"。

七是,如果装载数据需要增加,可点击"新增货物"按钮进行货物的添加。

八是,已经装载到舱位上的货物或者行李能够拉下来或者移动舱位。

九是,一般在发送的时候会将需要卸载的货物、行李、邮件都统计好,如需特别声明可在"编辑备注"按钮处添加信息,装卸人员可看到相应的信息。

 案例详解

一、相关业务背景知识

进港航班业务处理流程。

二、案例

完成某航班进港处理。

 **任务分组**

学习任务名称:

姓名:　　　　　班级:　　　　　日期:

任务分组				
班级		组号		授课教师	
组长		学号			

组内成员				
姓名	学号	姓名	学号	备注

任务分工

1.左边操作同出港控制,按照条件搜索查询相应的航班

2.对于不同的人员,除拥有大管理权限的人员,其他的用户只能查找到自己管辖的机场的数据

3.右半部分显示需要卸载的货物信息

4.右半部分能够显示数据的前提条件是,飞机已经起飞和装机单已经发送

5.点击"接收和答应"按钮,改变该航班的卸机状态,将卸机单状态变为"已接",并且以PDF的格式生成卸机单

6点击"发送卸机单"按钮,将卸机单发送出去,航班的卸机状态变为"已发"

7.如果装载数据需要增加,点击"新增货物"按钮进行货物的添加

8.将已经装载到舱位上的货物或者行李拉下来或者移动舱位

9.在发送的时候将需要卸载的货物、行李、邮件都统计好,在"编辑备注"按钮处添加特别声明信息,供装卸人员查阅

 **获取信息**

引导问题

学习航班进港处理操作流程。

REFERENCES
参考文献

[1]万青,张辉,郭玉涛.飞机载重平衡[M].2版.北京:中国民航出版社,2015.

[2]林彦,郝勇,林苗.民航配载与平衡[M].北京:清华大学出版社,2011.

[3]蔡元杰.航空公司"配载员"岗位研究——以A航为例[D].北京:首都经济贸易大学,2014.

[4]中国民用航空局.航空器重量与平衡控制规定[EB/OL].(2019-11-04)[2023-10-08].http://www.caac.gov.cn/PHONE/XXGK_17/XXGK/GFXWJ/201911/P020191104349057958745.pdf.

教学支持说明

　　高等职业学校"十四五"规划民航服务类系列教材系华中科技大学出版社"十四五"期间重点规划教材。

　　为了改善教学效果,提高教材的使用效率,满足高校授课教师的教学需求,本套教材备有与纸质教材配套的教学课件(PPT电子教案)和拓展资源(案例库、习题库等)。

　　为保证本教学课件及相关教学资料仅为教材使用者所用,我们将向使用本套教材的高校授课教师免费赠送教学课件或相关教学资料,烦请授课教师通过电话、邮件或加入民航专家俱乐部QQ群等方式与我们联系,获取"教学课件资源申请表"文档,准确填写后发给我们,我们的联系方式如下:

地址:湖北省武汉市东湖新技术开发区华工科技园华工园六路

邮编:430223

电话:027-81321911

传真:027-81321917

E-mail:lyzjjlb@163.com

民航专家俱乐部QQ群号:799420527

民航专家俱乐部QQ群二维码:

扫一扫二维码,加入群聊。

华中科技大学出版社
http://press.hust.edu.cn

教学课件资源申请表

1. 以下内容请教师按实际情况写，★为必填项。
2. 根据个人情况如实填写，相关内容可以酌情调整提交。

★姓名		★性别	□男 □女	出生年月		★职务	
						★职称	□教授 □副教授 □讲师 □助教
★学校				★院/系			
★教研室				★专业			
★办公电话		家庭电话				★移动电话	
★E-mail （请填写清晰）						★QQ 号/微信号	
★联系地址						★邮编	

★现在主授课程情况	学生人数	教材所属出版社	教材满意度		
课程一			□满意	□一般	□不满意
课程二			□满意	□一般	□不满意
课程三			□满意	□一般	□不满意
其　他			□满意	□一般	□不满意

教 材 出 版 信 息					
方向一		□准备写	□写作中	□已成稿	□已出版待修订　□有讲义
方向二		□准备写	□写作中	□已成稿	□已出版待修订　□有讲义
方向三		□准备写	□写作中	□已成稿	□已出版待修订　□有讲义

　　请教师认真填写表格下列内容，提供索取课件配套教材的相关信息，我社根据每位教师填表信息的完整性、授课情况与索取课件的相关性，以及教材使用的情况赠送教材的配套课件及相关教学资源。

ISBN（书号）	书名	作者	索取课件简要说明	学生人数 （如选作教材）
			□教学　□参考	
			□教学　□参考	

★您对与课件配套的纸质教材的意见和建议，希望提供哪些配套教学资源：